LEÇONS

DE

PHISIQUE,

Contenant les Elémens de la Phisique, déterminés par les seules Loix des Mécaniques.

EXPLIQUE'ES

Au College Royal de France.

Par JOSEPH-PRIVAT DE MOLIERE, Professeur Royal en Philosophie, de l'Académie des Sciences, & Membre de la Societé Royale de Londres.

TOME TROISIE'ME.

A PARIS,

Chez la Veuve BROCAS, ruë S. Jacques, au Chef S. Jean.
MUSIER, à l'entrée du Quai des Augustins, du côté du Pont S. Michel, à l'Olivier.
Et JOSEPH BULLOT, Imprimeur-Libraire, ruë de la Parcheminerie, près S. Severin, à l'Image S. Joseph.

M. DCC. XXXVII.
Avec Approbation & Privilege du Roy.

Ce Volume contient,

1°. Une description exacte des principales opérations de la Chimie.

2°. Une explication mécanique de ces opérations déduite des principes déja posés dans les Leçons précédentes.

3°. Une explication mécanique des principaux Méteores fondée sur les mêmes principes & sur ce qu'on a dit des opérations Chimiques.

4°. Une nouvelle explication du Magnetisme & des Phénomenes merveilleux de l'électricité qui ont été découverts de notre tems.

ERRATA.

Pag. 79. lig. 13. *on* se sert d'une.
Pag. 264. lig. 19. dont.
Pag. 269. lig. 11 sortie.
Pag. 306. lig. 4. *vent* d'Est.
Pag. 307. lig, 4. d'Occident.

AVIS AU RELIEUR.

Il faut mettre les cinq feüillets ci joints à la place du feüillet cotté 353.

LECON X.

OÙ L'ON DE'CRIT LES OPERATIONS DE LA CHIMIE, ET LES EFFETS QU'ELLES PRODUISENT.

PROPOSITION I.

Les Opérations de la Chimie nous fournissent les moyens les plus convenables pour déterminer les principes de la nature dans la plus grande précision. Il est donc nécessaire d'entrer dans un petit détail des Opérations de cet Art.

CEux qui ne se sont appliqués qu'à la Phisique spéculative, & qui ont préſumé de pouvoir déterminer les principes de la nature par le ſeul raiſonnement, ſans trop conſulter l'expérience, ont long-tems diſputé aux Chimiſtes l'utilité de leur art ſur un point ſi important. Ils ont dit que le feu ne décompoſoit pas ſimplement les mixtes, mais qu'il en détruiſoit les principes ; & que par conſéquent on ne pouvoit pas conclure que les différentes matieres que l'on en retiroit par ſon moyen , y euſſent été renfermées ſous la même forme qu'elles paroiſſoient après l'opération.

On verra dans la ſuite combien dans pluſieurs cas cette croyance eſt mal fondée: mais poſons pour un inſtant qu'on ne puiſſe jamais s'aſſurer de ce fait, toujours eſt-il vrai au moins que ces matieres ont acquis par le moyen du feu ces formes nou-

velles qui nous surprennent. Or
combien de conséquences utiles
au progrès de la Phisique, ne
peut-on pas tirer de cette consi-
dération ? nous verrons bientôt
que le nombre en est infini.

Accordons donc aux Chi-
mistes la part qui leur est dûë
au progrès de la Phisique ; &
convenons de bonne foi, que
sur - tout ceux de notre tems,
qui ont joint l'idée du mécanifme aux raisonnemens qu'ils ont
fait sur leurs opérations, ont
excellé à nous décrire des effets
curieux, surprenans & utiles,
qui méritent toute notre attention. Qu'il n'y a presque qu'à
les suivre pas à pas, en joignant
à leurs procedés l'idée d'un mécanisme plus simple & plus épuré,
pour acquérir une connoissance
distincte & assurée des opérations
de la nature ; & qu'il est très-
important de profiter de leurs

travaux & de les aider même,
s'il est possible, dans leurs re-
cherches, en leur fournissant
des principes plus clairs & plus
intelligibles que ceux dont ils
font usage, qui pourront leur
donner des vûës plus précises &
plus pénétrantes dans le cours
de leurs opérations.

Mon dessein n'est pas néanmoins d'entrer dans un grand
détail des procédés qui consti-
tuent cet art : mais d'en dire assez pour former une *Chimie Phisique*, qui ne contribuëra pas peu
à nous donner l'intelligence des
vrais principes de la nature, &
à confirmer l'idée que nous nous
en sommes déja formée. Mais
pour cet effet il est nécessaire
de donner ici une notion suc-
cinte des moyens que les Chimistes employent pour séparer
des mixtes les diverses substances dont ils sont composés. Ces

principaux moyens font la *diſſo-*
lution, la *filtration*, la *criſtalliſa-*
tion, la *digeſtion*, la *calcination*,
la *ſublimation*, & la *diſtilation*.

Diſſoudre, c'eſt rendre fluide
une matiere féche par le moyen
de l'eau ou de quelqu'autre liqueur.

Filtrer, c'eſt féparer d'une liqueur les parties groſſieres qu'-
elle peut contenir, en la faiſant
paſſer à travers les pores d'un
morceau de linge ou de drap,
ou d'un papier gris que l'on poſe
ſur un entonnoir, & ſur lequel
on verſe la liqueur, dont ce qu'il
y a de plus ſubtil paſſe à travers
les pores du papier, & s'écoule
dans un vaſe que l'on met ſous
l'entonnoir tandis que ce qui eſt
plus groſſier reſte ſur le filtre.

Criſtalliſer, c'eſt laiſſer repoſer
tranquillement dans la cave, ou
dans un lieu frais, une liqueur
qui a diſſout quelque ſel, le ſel

se sépare de l'eau & tombe **au** fond du vase, ou s'attache à ses parois en forme de petits cristaux.

Digérer, c'est laisser tremper quelque corps dans un dissolvant convenable sur un petit feu.

Calciner, c'est réduire un mixte en parties très-menuës, en le laissant long-tems sécher sur le feu dans une terrine ou dans un creuset.

Fermenter, c'est lorsque deux liqueurs qu'on mêle s'échauffent, boüillonnent, & forment à la fin une matiere séche qui se précipite au fond du vase.

Sublimer, c'est faire monter par le feu une matiere séche, qui s'attache à la superficie intérieure du vaisseau que l'on met pardessus celui qui contient la matiere.

Distiler, c'est séparer d'une matiere une liqueur, par le moyen du feu que l'on met au-deſſous ou au-deſſus du vaſe qui contient la matiere.

L'*Areometre* ou peſe-liqueur, eſt une bouteille de verre *ab* (fig. 56) dont le col *ad* eſt ſi menu, qu'une goutte d'eau y occupe l'eſpace de 5 à 6 lignes. A côté du col il ſort de la pance *b* du vaiſſeau un petit tuyau *c* de la même capacité que le col, & de la longueur d'environ 6 lignes : l'on fait une marque *d* ſur le col *ad*, dont l'orifice *a* eſt un peu évaſé. On remplit le vaiſſeau *b* de la liqueur qu'on veut peſer juſqu'à la marque *d* ; l'air s'échape par l'orifice *c*, & lorſqu'il y a trop de liqueur dans la bouteille, on en fait ſortir l'excédent par l'orifice *c* en appuyant le doigt ſur l'orifice *a* ; & on ſe ſert d'une balance très-juſte pour en connoître le poids.

A iiij

Le *Fourneau A A* (fig. 56) est
composé de briques jointes avec
une bouë faite d'une partie d'argile, d'autant de fiente de cheval,
de deux parties de fable, le tout
détrempé dans de l'eau. Les briques font élevées à double rang,
afin que le Fourneau étant bien
épais, la chaleur y foit retenuë
plus long-tems. Le *Cendrier*, **B**
eft haut d'un pied ; fa porte tour-
née, s'il eft poffible, du côté
d'où vient l'air, afin qu'en l'ouvrant le feu foit allumé. Le *Foyer*
C, dont le fond eft une grille de
fer, n'eft pas juftement fi haut ;
on met deffus deux barres de fer
DD, de la groffeur d'un pouce,
lefquelles fervent à foutenir la
cornuë, & il faut faire en forte
qu'on puiffe les retirer & les remettre au befoin. La *Cornuë EF*,
eft une bouteille de verre, dont
le col eft recourbé, au fond de
laquelle on met la matiere à dif-

tiler, & dont le bec *F* entre dans un grand balon de verre *G*, qu'on nomme *Récipient*, dans lequel la matiere qui s'éleve en forme de vapeur du fond de la cornuë *E* par la violence du feu, tombe goute à goute. On éleve encore le fourneau à la hauteur d'un pied, afin qu'il cache la cornuë, & l'on fait en sorte qu'il n'y ait autour du fourneau & de la cornuë qu'un espace à y pouvoir passer le doigt. On adapte sur le fourneau un *Dôme* ou couvercle *H*, qui a un trou au milieu, sur lequel on puisse mettre une petite cheminée *I*, haute d'un pied, quand on voudra exciter une grande chaleur, autrement on fermera ce trou avec un bouchon *K*.

Le dôme, la cheminée & le bouchon seront formés d'une pâte faite avec trois parties de pots cassés mis en poudre, &

deux parties d'argile, le tout détrempé avec de l'eau. On pourra même conſtruire avec cette
pâte un fourneau portatif de forme ronde (fig. 57), il aura ſix
trous ou regiſtres aux côtés, pour
donner de l'air au feu.

Le dôme étant ôté, on pourra
placer dans le fourneau au lieu
de la cornuë *E*, ou une *Cucurbite* de cuivre étamée, ou un
Matras de verre *L* (fig. 58) garni d'un *Chapiteau* de verre *M*,
dont le bec *N* entrera dans le
récipient *O* ; & on environnera
le chapiteau *M* d'une cuvette
P, qu'on nomme *Refrigerent*,
dans lequel on mettra de l'eau
froide, que l'on retirera par le
moyen d'un robinet *Q*, lorſqu'elle ſera devenuë chaude,
pour y en remettre de nouvelle.
Lorſque le bec *N* du chapiteau
M n'eſt pas ouvert, on le nomme *Chapiteau aveugle*. Lorſqu'on

veut faire circuler la matiere,
on se sert de deux matras *O*, *P*,
(fig. 59) dont les cols entrent
l'un dans l'autre.

Dans le cas où l'on doit se servir d'un feu violent, on enduit la
cornuë *E* d'une pâte composée
de sable, de mache-fer, d'argile
en poudre, de chacun cinq livres, de la bourre hachée menu, une livre, de verre pilé, &
du sel marin, de chacun quatre
onces. On mêle le tout dans une
quantité d'eau suffisante, & on
fait une bouë, de laquelle on
enduit la cornuë jusqu'à la
moitié du col, & on la laisse
secher à l'ombre avant que de
s'en servir.

Ce même lut peut servir pour
boucher les jointures du col *F*,
de la cornuë avec le récipient.
Mais pour les déluter plus facilement, on ne se servira que
d'une pâte faite de deux parties

de fable & d'une partie d'argile.
Si on a befoin d'un lut très-fort,
on le fait avec une once de farine, une once de chaux éteinte,
demi-once d'argile en poudre,
& du blanc d'œuf battu avec un
peu d'eau ; de forte que le tout
enfemble faffe une pâte liquide.
On s'en fert pour boucher les
félures des vaiffeaux de verre,
avec trois bandes de papier, que
l'on cole l'une fur l'autre.

III. Les Chimiftes employent
pour faire leurs opérations la
chaleur du foleil, celle du fu-
mier, les feux de *fable*, de *cendre*, de *limaille de fer*. On met
dans le fourneau une terrine
remplie de ces matieres, dont
on entoure la cornuë ou le matras que l'on pofe par-deffus.

Le *Bain-marie*, fe fait en mettant de l'eau dans la terrine. Et
lorfque la cornuë ne trempe pas
dans cette eau, c'eft le *Bain de
vapeurs*.

Le *Feu de reverbere* se fait par le moyen du dôme, qui renvoit la flamme sur la cornue.

Le *Feu de fonte*, c'est lorsqu'on entoure un creuset de charbons ardens, pour calciner ou fondre la matiere qu'on y met dedans.

Le *Feu de lampe* est excité par la flamme d'une lampe à trois lumignons que l'on met dans un petit fourneau de fer blanc (fig. 61), percé de quelques petits trous *G*, *H*, garni d'une grille *KL*, sur laquelle on met une cuvette pleine de sable, où on enfonce le vaisseau, qui contient la matiere, & qu'on couvre d'un dôme *M* de fer blanc. L'huile dont on doit user pour cette lampe, doit être la plus pure & la plus propre à brûler. On la purifie en mettant sur six livres d'huile, une livre de vitriol calciné à blancheur, qu'on pulverise. On fait boüillir ce mélange à petit feu, tout le vitriol reste sans se dissoudre. On coulera l'huile pour l'en séparer & s'en servir.

IV. Les Chimistes distinguent 4 degrés de chaleur. Le premier s'excite par le moyen de deux ou trois charbons. Le second par quatre ou cinq charbons; il faut que la main puisse l'endurer pendant quelque tems. Le troisiéme est la plus grande chaleur qu'on puisse exciter par le charbon. Le quatriéme s'excite en joignant aux charbons ardens un morceau de bois, qui produit une grande flamme. Les autres feux employés en Chimie, ont aussi leurs degrés de chaleur.

V. Les Chimistes retirent cinq sortes de substances de la plûpart des matieres qu'ils soumettent à leurs opérations. 1°. Une eau insipide, qu'ils nomment *Phlegme.* 2°. Un fluide leger & inflammable ; qu'ils nomment *Huile* ou *Soufre.* 3°. Un fluide pesant aigre & pénétrant apellé *Sel acide.* 4°. Une matiere séche & friable d'un goût vif & brûlant nommé *Sel alkali.* 5°. Une substance fixe, insipide, indissoluble, qu'ils nomment *Terre.* Le Sel alkali est tantôt fixe & tantôt volatil ; lorsqu'en le sublimant il se mêle avec le Phlegme, il compose ce qu'on nomme *Esprit.*

PROPOSITION II.

Les molécules de sel, que nous avons déja reconnu être entremélées de molécules d'huile, d'eau & de terre, dont on les degage en partie par la dissolution, la filtration & la cristallisation, sont composées de deux différentes matieres qu'on nomme Acide, *&* Alkali.

Nous avons déja expliqué (To. 2. p. 410.) de quelle façon on re-

tirele Sel alkali des matieres vé-
gétales par la calcination. Mais
on retire aussi par le même
moyen une autre espece d'alkali de certaines matieres minerales qu'on nomme *Alkali terreux*.
L'on fait calciner, par exemple,
de certaines pierres dans de
grands fours formés de terre,
& par l'ardeur de la flâme qui
pénétre ces pierres, elles se ré-
duisent en ce qu'on appelle
Chaux. Le Plâtre cuit est aussi
une espece de chaux.

Si l'on verse de l'eau sur de
la chaux vive, il s'excite aussitôt
une grande chaleur, & une ébullition accompagnée de fumée.
Et la matiere qui tombe au fond
& qu'on nomme *chaux éteinte*,
quoique réduite à sec, ne fermente plus avec l'eau. Si l'on
met dans une terrine une livre
de chaux vive & qu'on l'éteigne
avec 7 ou 8 livres d'eau ; après
que

que la chaux éteinte s'est racife, ce qui arrive en 5 ou 6 heures, la liqueur corrofive qui furnage étant filtrée, eft ce qu'on nomme *Eau de chaux*.

Si on laiffe l'eau de chaux quelque tems à l'air dans une terrine, il s'en fépare à la furface une pélicule ou croûte mince, blanche, bitumineufe, caffante, fans odeur ni goût apparent, qui fe romp & fe précipite. Si l'on fépare cette croûte par la filtration, & qu'on mette évaporer fur le feu une partie de l'eau de chaux filtrée, il fe fera une pélicule nouvelle, femblable à la premiere, ce qu'on pourra répéter plufieurs fois; après quoi l'eau de chaux qui reftera aura perdu toute fa force,

On retire auffi un Sel alkali de toutes les matieres animales; mais ces fels font *volatils*, c'eft-à-dire, qu'ils fe répandent faci-

B

lement dans l'air à la moindre chaleur, au lieu que les autres Sels alkalis résistent à la plus grande violence du feu.

Si l'on prend, par exemple, six douzaines de viperes sechées à l'ombre, qu'on les mette dans une cornuë de verre lutée *E* (fig. 56) qu'on placera dans un fourneau de reverbere *A A*, & à laquelle on adaptera un balon ou grand récipient *G* dont on lutera exactement les jointures *F*. Qu'ayant d'abord alumé un peu de feu pour échauffer doucement la cornuë crainte que les vaisseaux ne cassent, (ce qu'on observera toujours dans toutes les distilations) il sortira d'abord par le bec de la cornuë *F*, une eau, qu'on nomme *phlegme*, laquelle tombera goute à goute au fond du récipient *G*. Lorsqu'il ne degoutera plus rien on augmentera un peu le feu & l'on

-verra des nuages blancs qui rempliront le récipient *G*, puis une huile noire, & enfin le sel volatil qui s'attachera aux parois du récipient. On continuëra le feu jusqu'à ce qu'il ne sorte plus rien. Ensuite on laissera refroidir les vaisseaux, on les délutera & on secouëra un peu le balon afin de détacher le sel volatil de ses parois; puis on versera le tout dans un matras à long col *L* (fig. 58) auquel on adaptera un chapiteau *M* avec un petit récipient *O*, dont on lutera les jointures *N* avec de la vessie moüillée; & l'on posera le tout sur une terrine remplie de sable que l'on échauffera par un petit feu. L'esprit & le phlegme tomberont goute à goute dans le récipient *O*; le sel volatil se sublimera ou s'attachera au chapiteau *N* & à la partie superieure du matras. On l'en détachera, ou le mettra dans

B ij

une bouteille , & par deſſus environ la hauteur d'un doigt d'eſprit de vin tartariſé , qui enlevera toute l'humidité que le ſel auroit pû avoir retenu.

3°. Enſuite on filtrera ce qui ſera reſté dans le matras, c'eſt-à-dire, qu'on le verſera ſur un papier gris poſé ſur l'orifice d'un entonnoir. L'eſprit & le phlegme paſſeront à travers les pores du papier , & s'écouleront goute à goute dans un vaſe qu'on aura placé deſſous , & l'huile puante reſtera ſur le papier ; on la mettra dans une bouteille.

4°. On verſera l'eſprit & le phlegme , mêlés confuſément dans un autre alambic (fig. 58.) & on diſtilera au bain de vapeur environ la moitié de la liqueur. Ce qui aura paſſé dans le récipient *O*, eſt ce qu'on nomme *Eſprit de vipere* : ce n'eſt autre choſe qu'un peu de ſel volatil diſſout dans beaucoup d'eau, on le met dans une bouteille bien bou-chée. Le phlegme qu'on rejette reſte au fond de l'alembic *E*.

5 . Si l'on calcine à feu ouvert ce qui ſera reſté dans la cornuë *E* (fig. 56) & qu'on en faſſe une leſſive, comme nous avons dit (T. 2 . P. 410) en parlant des ſels alkalis des plantes, on aura une très-petite quantité de ce ſel fixe. On peut tirer par une ſemblable opération l'huile, l'eſprit & le ſel alkali volatil des crapeaux, de la corne de cerf, de l'ivoire, du ſang du crane, des ongles, des cheveux, & de toutes les autres parties des animaux.

6°. Ce qu'on nomme *ſel acide* en Chimie, eſt une liqueur fort peſante, aigre, corroſive, qu'on extrait des autres ſels par la diſ-tilation. Ce *Sel fluor* ou fluide, ſe mêle facilement avec l'eau commune, & ſa fluidité réſiſte au plus grand froid & à la plus grande violence du feu, si bien qu'on ne peut jamais le réduire en un corps sec & friable : sa principale propriété est de dissoudre les métaux & d'exciter en les dissolvant, ou lorsqu'on le verse sur du sel alkali, un certain mouvement qu'on nomme *Fermentation* ; c'est-à-dire, un grand *trouble* dans toutes les parties sensibles de la liqueur. Une *effervessence* ou chaleur considérable, & une *ébullition* suivie de la *précipitation* d'une matiere séche, friable, & différente de celles qu'on a employées dans l'opération.

On connoît encore qu'une liqueur est acide, lorsqu'elle rougit le papier bleu, le syrop violat, la teinture de tournesol, de mauve, de fleur de violette, &c. Pour faire ces teintures, il n'y a qu'à verser dessus de l'eau boüillante

& laisser reposer ce mélange un jour ou deux. Ensuite on exprime fortement cette eau. Les liqueurs alkalines donnent au syrop violat une couleur verte.

7°. Le Vin nouveau est un exemple remarquable de la fermentation ; car 1°. il s'échauffe dans le tonneau, il y bout & y dépose une matiere séche, que nous avons nommé *Tartre*, dont on retire un sel essentiel qu'on nomme *Creme* ou *Cristal de tartre*, & par la calcination un sel alkali fixe, bien différent du précédent ; car, comme nous l'avons déja remarqué (T. 2. p. 409) le sel alkali de tartre se dissout dans l'eau froide avec une extrême facilité ; le cristal de tartre au contraire ne s'y dissout en aucune façon.

Mais si l'on pulverise & mêle ensemble 8 onces de cristal de tartre & 4 onces de sel de tartre dans un pot de terre vernisé, & qu'on verse dessus environ trois livres d'eau commune, qu'on laisse boüillir la matiere doucement durant une demi - heure : que l'ayant laissée refroidir, on la filtre, qu'on la fasse évaporer sur le feu jusqu'à pellicule & qu'on la mette cristalliser, on aura un sel que l'eau froide dissoudra, & qu'on nomme pour cet effet, *Tartre soluble.*

8°. La liqueur qui s'éclaircit après la fermentation, & qui est le Vin que nous buvons, contient encore du tartre mêlé dans beaucoup d'eau & d'esprit inflammable ; pour séparer ces matieres on en remplit la moitié d'une grande cucurbite de cuivre *L* (fig. 58) converte d'un chapiteau *M*, garni d'un refrigerent *P*, auquel on adapte un récipient *O*, on lutte exactement

les

Les jointures N avec de la veſſie moüillée, & on met la cucurbite ſur un fourneau, dans lequel on allume un petit feu de charbon. L'eau que le Vin contient ſe réduit en vapeurs, & entraine avec elle une huile extrémement rarefiée: ces vapeurs étant parvenuës au haut du chapiteau *M*, reprennent la forme d'eau qui coule goutte à goutte dans le récipient *O*. On continuë l'opération juſqu'à ce que la liqueur qui diſtille ne s'enflame plus quand on en approche une bougie allumée. La liqueur qui s'eſt écoulée dans le récipient eſt appellée *Eau de vie*.

3°. Pour *rectifier* l'Eau de vie, ou diminuer la quantité de l'eau qu'elle contient, on en remplit à moitié un grand matras à long col *L* (fig. 58.) & ayant adapté un chapiteau *M*, un réfrigerent *P*, un récipient *O*, & luté exac-

tément les jointures *N* ; on le pose
sur un pot à demi rempli d'eau,
& le pot sur un feu moderé pour
faire diftiler au bain de vapeur
l'efprit ardent qui fe fépare du
phlegme furabondant. L'on continuë ce même degré de chaleur
jufqu'à ce qu'il ne monte plus
rien ; la liqueur claire & tranfparente qui s'eft écoulée dans le
récipient *O*, eft ce qu'on nomme
Efprit de vin, qui ne diffère de
l'*Eau de vie*, qu'en ce qu'il contient moins de phlegme. On connoît que l'Efprit de vin eft bien
rectifié lorfqu'en le brûlant dans
une cuilliere d'argent, il ne laiffe
point de phlegme ; fi la poudre
à canon qu'on met dans la cuilliere s'enflame & détonne, &c.

4°. Si dans une cucurbite de
verre bien haute on met une livre de Sel alkali de tartre bien
fec dans quatre livres d'Efprit de
vin, qu'ayant placé fur le fable

le vaiſſeau couvert d'un chapiteau, adapté d'un récipient dont
les jointures ſoient lutées avec
de la veſſie moüillée ; on donne
un feu gradué, qu'on continuë
juſqu'à ce qu'il ſoit monté les
trois quarts de la liqueur. On aura dans le récipient ce qu'on
nomme *Eſprit de vin tartariſé*,
c'eſt-à-dire, de l'Eſprit de vin
chargé d'un peu de ſel de tartre.

5°. On ſe ſert de l'Eſprit de
vin pour diſſoudre les réſinés,
comme le Benjoin, le Camphre,
l'Euphorbe, la Myrrhe, &c.
L'Eſprit de vin prend des teintures des alkalis, il diſſout les
huiles, les ſavons, &c.

6°. Le *Vinaigre* n'eſt autre
choſe que du Vin qui a perdu
par la fermentation aſſez de parties huileuſes pour que les acides prennent le deſſus, & qu'ils
ſe manifeſtent. Le Vinaigre diſ-

fout l'étaim, le plomb, le cuivre, le fer, &c,

Si l'on met dans une cucurbite *E*, cinq ou fix pintes de bon Vinaigre, & qu'on le diftile à un feu de fable affez fort jufqu'à ce qu'il ne refte au fond qu'une fubftance mielleufe ; la liqueur acide qui a diftilé dans le récipient *G* eft ce qu'on nomme *Vinaigre diftilé.*

M. Geofroy a donné un moyen facile de concentrer le Vinaigre, & toute autre liqueur acide en l'expofant à la gelée. L'eau qu'elle contient fe réduit en glaçons, & le Vinaigre ou la liqueur acide qui s'en fépare aifément eft très-rectifié, ou concentré.

D'autres Chimiftes ont concentré le Vinaigre diftilé par le moyen du vitriol calciné à blancheur ; par le Sel de Glauber calciné. Ces Sels enlevent le phleg

me furabondant que le Vinaigre diftilé contient encore.

La concentration du Vinaigre diftilé par le fel de Glauber,
paroît la meilleure.

PROPOSITION III.

La décompofition & la régénération des Sels minéraux eft une preuve fenfible que les molécules de Sel font compofées d'Acide & d'Al-kali intimement unis par la fer-mentation.

I. Si l'on met du Sel commun dans une cornuë *E*, foit à fec, foit diffout dans l'eau pour ten-ter par le moyen du feu de le décompofer, on éprouvera que quelque grand que foit le dégré de chaleur que l'on employe, ja-mais il ne montera dans le réci-pient *G* que de l'eau infipide, & le Sel reftera toujours au fond de la cornuë *E* dans l'état où il étoit avant l'opération.

Mais si l'on fait deſſecher du ſel commun ſur un petit feu ou au ſoleil, qu'on en réduiſe deux livres en poudre ſubtile, qu'on mêle exactement cette poudre avec ſix livres d'argile pulveriſée, qu'on faſſe de ce mélange une pâte dure, avec ce qu'il faudra d'eau de pluye, & qu'on en forme de petites boules de la groſſeur d'une noiſette : que lorſque ces boules auront été long-tems ſechées au ſoleil, on les mette dans une grande cornuë de verre lutée, de laquelle un tiers demeure vuide, que l'on place la cornuë dans un fourneau de reverbere clos (Fig. 575) qu'après y avoir adapté un grand récipient ſans luter les jointures,, on donne un feu très-lent, qui fera ſortir goutte à goutte du bec de la cornuë une eau inſipide : que lorſqu'on verra ſuc-

ceder à ces gouttes quelques vapeurs blanches, on jette ce qui
sera dans le récipient, que
l'ayant ensuite remis, & ayant
luté fortement les jointures, on
augmente peu à peu le feu jufqu'à la derniere violence, &
qu'on le continuë 12 ou 15
heures en cet état jufqu'à ce qu'il
ne sorte plus aucun nuage: on
trouvera dans le récipient une
livre & demie d'une liqueur
acide très-pefante, qu'on nomme vulgairement *Efprit de fel.*

On n'a pû obtenir par aucun
moyen l'alkali dont on juge que
le fel commun eft compofé: mais
fi l'on fait diffoudre quatre onces de fel alkali de tartre dans
trois fois autant d'eau chaude;
qu'ayant mis la diffolution dans
un grand matras, & y ayant
verfé deffus à l'aide d'un entonnoir de verre quelques gouttes
d'Efprit de fel, fecoüant le

C iiij

matras. Il s'excitera d'abord dans toutes les parties de la liqueur un grand trouble, une grande chaleur ou effervescence, & une ébullition considerable ; laquelle ayant cessé, l'on continuëra d'y verser encore quelques autres gouttes, qui y exciteront de nouveau une fermentation moins forte, & ainsi de suite jusqu'à un certain point, après lequel la fermentation cesse entierement. Qu'ensuite on verse la liqueur dans un autre vaisseau, qu'on la fasse évaporer sur le feu jusqu'à pellicule, & qu'on la mette cristalliser: il s'attache au fond & contre les parois du vaisseau un vrai *Sel marin regeneré.* Desorte qu'on n'a pû douter plus long-tems que ce Sel ne fût un composé d'Acides & d'Alkalis.

II. Si l'on mêle exactement une partie de Salpêtre bien pulverisé avec trois parties d'argile,

& qu'on diſtile ce mélange comme on a fait le précédent , on aura
dans le récipient *G*, l'*Eſprit de nitre*.
Il ne reſtera dans la cornuë *E*
qu'une terre dont on ne peut tirer aucun ſel.

Mais ſi l'on met 16 onces de
ſalpêtre dans un creuſet *Z* (Fig.
66.) grand & fort, & que lorſque
le ſel ſera fondu, on y jette une
cuillerée de charbon en poudre,
il ſe fera une grande flame , laquelle ayant ceſſé , on y jettera
encore une autre cuillerée de
charbon , & ainſi de ſuite juſqu'à
ce que rien ne s'enflame plus :
qu'enſuite on verſe la matiere qui
eſt reſtée fixe au fond du creuſet,
dans un mortier bien chaud ; &
que quand elle ſera refroidie, on
la mette en poudre ; qu'on la
faſſe diſſoudre dans une quantité
ſuffiſante d'eau , qu'on filtre la
diſſolution , & que l'ayant miſe
dans une terrine on en faſſe éva-

porer l'humidité au feu de fable; ce qui reftera au fond de la terrine eft ce qu'on appelle *le Sel alkali du nitre fixé par le charbon.*

Dans cette opération les acides du nitre fe font envolés avec l'huile inflammable du charbon, & n'ont laiffé au fond du creufet que le Sel alkali dont le nitre étoit compofé mêlé avec la cendre du charbon. Ce Sel a les mêmes proprietés que le Sel alkali du tartre. Le nitre feul ne s'enflameroit jamais dans le creufet, quelque violent que fût le feu, & le charbon feul ne jette qu'une petite flame bleuë. Mais lorfque ces deux matieres font mêlées enfemble, il fe fait une grande flame qui ceffe auffi-tôt que le charbon eft brûlé; & à la fin de l'opération le charbon qu'on y jette ne brûle que comme il a coutume de brûler.

On retire donc du nitre, non

pas par une même opération,
mais par deux opérations différentes, le Sel acide & le Sel
alkali.   Mais si l'on dissout
une once de Sel alkali, *de
nitre* ou *de tartre*, dans huit onces d'eau chaude, & qu'ayant
mis la dissolution dans un grand
matras, on y verse goutte à
goutte de l'esprit de nitre ; il
s'excitera à chaque goutte une
grande fermentation ; il faut
perpetuellement secoüer le matras, & continuer d'y verser des
gouttes d'esprit de nitre jusqu'à
ce que la fermentation cesse.
Ayant fait ensuite boüillir la
liqueur jusqu'à pellicule, &
l'ayant mise cristalliser, elle fournira un vrai *Nitre regeneré.*

Cette derniere opération
prouve donc évidemment que le
nitre n'est qu'un composé d'a-
cide & d'alkali intimement unis
par la fermentation.

III. Si après avoir pulverisé &
mêlé ensemble 8 onces de Sel ammoniac & autant de Sel alkali de
tartre, on mette promptement
ce mélange dans un matras,
que l'ayant humecté avec cinq
onces d'eau, adapté au matras
un chapiteau & un récipient,
qu'on lutte exactement les jointures avec de la vessie moüillée,
on place le vaisseau sur le sable
avec un petit feu ; que lorsqu'on
verra qu'il ne distile plus rien,
on retire le récipient ; on y trouvera 5 onces d'*Esprit volatil alkali de Sel ammoniac.*

Si sans retirer le récipient on
augmente peu à peu le feu jusqu'au troisiéme degré, & qu'on
le continuë en cet état environ
deux heures ; il s'y sublimera des
fleurs blanches qui s'attacheront
au bas du chapiteau en forme de
farine, qu'on ramassera avec
une plume : c'est *le Sel volatil du
Sel ammoniac.*

Il restera au fond du matras 9 onces 3 gros d'une matiere blanche fixe. Il faut la faire fondre dans une quantité suffisante d'eau. Puis ayant filtré la dissolution, & l'ayant fait évaporer jusqu'à pellicule, on en retire par la cristallisation un Sel cubique semblable au sel marin, qu'on nomme *Sel de Silvius.*

Si l'on mêle dans un matras à long col quatre onces d'esprit volatil alkali de Sel Ammoniac, avec deux fois autant d'eau froide, & qu'on y verse goutte à goutte de l'esprit de Sel marin précisément ce qu'il en faut pour achever la fermentation violente qui s'y excitera ; on aura une liqueur très - claire, dont on retire par la cristallisation un vrai *Sel ammoniac régeneré.*

Le Sel ammoniac n'est donc qu'un composé de Sel alkali

volatil & d'Acide de Sel marin.

IV. Si l'on remplit de vitriol-
vert calciné à blancheur les deux
tiers d'une grande cornuë lutée
E (Fig. 56.) que l'ayant placée
dans le fourneau *A A* garni de
son dôme *H*, & de sa petite cheminée *I*, en lui adaptant un
grand récipient *G* sans en luter
les jointures *F*, & qu'on échaufe
la cornuë par un très-petit feu,
il s'écoulera goutte à goutte dans
le récipient une liqueur aqueuse
qu'on nomme *Phlegme de vitriol*.

Le phlegme ayant cessé de couler on le retirera du récipient *G*,
que l'on remettra aussi-tôt au
bec de la cornuë, & dont on
lutera exactement les jointures
F, puis on augmentera le feu
peu à peu crainte que les vaisseaux ne cassent ; & quand on
verra sortir des nuages, on continuëra le feu au même état
jusqu'à ce que le récipient re-

froidiſſe. Alors on pouſſera le feu très-violemment, de ſorte que la flame ſorte par le ſoupirail. Le récipient ſe remplira de nuages blancs. On continuera le feu de cette ſorte pendant trois jours & trois nuits. Le feu étant ceſſé, & les vaiſſeaux refroidis, ce qui reſtera dans la cornuë c'eſt le *Colcotar* dont nous avons parlé (Tom. 2. p. 406.) Quant à la liqueur contenuë dans le récipient *G*, on la verſera dans une cucurbite de verre *L* (Fig. 55.) que l'on placera ſur le ſable, & à laquelle on adaptera promptement un chapiteau *M* & un récipient *O*, dont on lutera les jointures avec de la veſſie moüillée, & on en fera diſtiler par un feu très-lent environ 4 onces. C'eſt l'*Eſprit ſulphureux de Vitriol.*

Ce qui reſte dans la cucurbite *L* eſt une liqueur très-pe-

sante, très-forte & très-péné-
trante, qu'on nomme impro-
prement, *Huile de Vitriol.*

Si l'on met dans un creuset re-
cuit & très-sec le Colcotar, qui
est demeuré au fond de la cornuë *E*, & qu'ayant placé le creuset dans un fourneau de fonte
on pousse la matiere par un feu
très-violent ; cette matiere rouge jettera une odeur très-forte
de soufre commun, se rarefiera
considerablement, deviendra
noire, & il ne restera à la fin
au fond du creuset que du vrai
fer, que l'aiman attire aussi fortement que le fer ordinaire;
ainsi que M. Lemery l'a démontré (Mém. de l'Acad. 1707): Les
mêmes choses arrivent si l'on
opere sur du Vitriol bleu, avec
cette seule différence, qu'on
trouvera au fond du creuset du
cuivre au lieu de fer. Et si l'on
opere sur de l'Alun, on y trouvera

vera une terre très-blanche &
très-fine. Mais l'acide qu'on retire de ces matieres eft toujours
le même.

Si l'on met huit onces de limaille de fer bien nette dans
un matras affez ample, qu'on
y verfe deffus deux livres d'eau
commune un peu chaude, & une
livre de bon efprit de vitriol ;
ayant bien remué le tout, &
placé le matras fur le fable chaud
durant 24 heures, la partie la
plus pure du fer fe diffoudra & fe
joindra de telle forte avec l'efprit acide du vitriol ; que fi l'on
verfe par inclination la liqueur
pour la féparer des parties ter-
reftres qui reftent au fond en
petite quantité, qu'on la filtre
& qu'on la faffe évaporer dans
une cucurbite de verre au feu
de fable jufqu'à pellicule, ayant
mis le vaiffeau dans un lieu
frais ; il s'y formera des criftaux

verdâtres , qu'on retire après avoir versé doucement la liqueur qui surnage , qu'on fait encore évaporer jusqu'à pellicule , pour en retirer de nouveaux cristaux. Et ces cristaux ne sont autre chose qu'un vrai vitriol vert régeneré, qu'on nomme *Vitriol de Mars*.

Si au lieu de limaille de **fer** on se sert de limaille de cuivre , on aura un Vitriol bleu régeneré , qu'on nomme *Vitriol de Venus*. Et si l'on employe la poudre blanche qui est sortie de l'alun dans l'opération précédente, on aura un *Alun régeneré*.

Les Vitriols ne paroissent donc être enfin comme les autres sels dont nous avons parlé, qu'un composé d'acides & de molécules de fer , de cuivre ou de terre qui y tiennent lieu d'Alkalis. Donc, &c. C. Q. F. D.

REMARQUE.

On *adoucit* la vertu corrosive des sels acides en les mêlant avec de l'Esprit de vin, qui contient une huile fort exaltée ; de façon que ces acides n'excitent plus qu'une saveur aigrelette au lieu de l'extrême acidité qui leur est naturelle ; ainsi ,

1°. Si l'on verse goute à goute de l'Esprit de vin sur une certaine quantité d'Esprit de nitre ; il survient aussi-tôt une fermentation d'autant plus vive que l'Esprit de vin est plus rectifié, & l'Esprit de nitre plus concentré : mais comme cette fermentation n'est que curieuse, on ne doit se servir pour l'utile que d'Esprit de vin & d'Esprit de nitre ordinaire, & s'ils sont trop rectifiés , il faudra les affoiblir l'un & l'autre en les mêlant avec de l'eau.

L'on emploiera donc d'abord

deux parties d'Efprit de vin fur une partie d'Efprit de nitre. On fera digerer pendant trois ou quatre jours ce mélange à un feu de fable fort doux, enfuite on le diftilera. La liqueur defcend dans le récipient en ftries, à peu près comme les fels volatils. On continuë la diftilation jufqu'à ce qu'on apperçoive des vapeurs rouges, caractere diftinctif de l'Efprit de nitre. On arrête alors la diftilation, & l'on verfe encore goute à goute de l'Efprit de vin, on agite bien le tout enfemble, & on procede à une nouvelle diftilation du refte.

Le mélange de l'Efprit de nitre & de l'Efprit de vin produit une odeur fort fuave, & une effervefcence prodigieufe, qui approche de la flame, de telle forte que fi on en approchoit une chandelle allumée, la flame fe communiqueroit bientôt à la bouteille, & tout s'enflameroit avec péril.

2°. On adoucit de la même façon l'Esprit de sel. On le distile jusqu'à ce qu'il paroisse des vapeurs blanches dans le récipient, on cesse alors la distilation, & on jette sur le reste, de l'Esprit de vin goute à goute &c. mais le mélange de l'Esprit de sel & de l'Esprit de vin n'excite presque pas de fermentation sensible. L'esprit de sel dulcifié est préférable à celui de nitre.

3°. Si dans un matras assez grand on met 8 onces d'huile de vitriol, qu'on y verse dessus peu à peu 16 onces d'Esprit de vin, qu'on bouche le matras avec un autre matras pour faire un vaisseau de rencontre (fig. 59.) & qu'on laisse le mélange en digestion à froid 10 ou 12 heures, l'agitant de tems en tems, qu'on place ensuite le vaisseau sur un

petit feu de fable pour faire circuler la liqueur pendant trois
jours. Les vaiffeaux étant refroidis, on aura une huile de vitriol
dulcifiée d'une odeur agréable,
& d'un goût confiderablement
acide, qu'on nomme *Eau de Ra-
bel.*

Si l'Huile de vitriol & l'Efprit
de vin dont on fe fert font rectifiés, il s'excitera à mefure qu'on
verfera l'Efprit de vin fur l'Huile
de vitriol, une fermentation,
chaleur & ébullition très-fortes.

PROPOSITION IV.

*La fabrique des Sels artificiels eſt
une nouvelle preuve que les Sels
font compofés d'Acides & d'Alkalis.*

Les Chimiftes confiderant l'A-
cide & l'Alkali, comme des Sels
fimples, ont donné le nom de
Sels neutres à tous les autres

Sels tant fixes que volatils ; tels que font le Sel marin , le Sel Ammoniac, le Nitre , le Vitriol, &c. mais outre ces Sels naturels, ils en ont compofé un grand nombre d'autres , utiles à la Médecine , & dont il eft important pour la Phifique de connoître la conftruction. Ainfi,

I. Si dans une cucurbite de verre on met une certaine quantité de Sel alkali de tartre diffout dans l'eau , & qu'on verfe deffus peu à peu de l'efprit de Vitriol rectifié , il fe fera une grande effervefcence , on continuëra d'en verfer jufqu'à ce qu'il ne fe faffe plus d'ébullition : il fe précipite au fond de la cucurbite un fel dont les criftaux font exagones , pointus par les deux bouts , terminés en piramides à fix faces; ou taillés en diamant par les deux bouts. On nomme ce fel *Tartre vitriolé.*

Si au lieu du Sel de tartre on employe le Sel alkali de nitre, on aura un Sel tout semblable au précédent, qu'on nomme *Arcanum Duplicatum.*

On fait aussi du Tartre vitriolé en versant simplement sur une dissolution boüillante de vitriol vert, de la liqueur de sel de Tartre jusqu'à cessation de fermentation. Après quoi on filtre la liqueur toute boüillante, & la liqueur filtrée dépose en se refroidissant le Tartre vitriolé qu'elle contient.

Quoique ces Sels ayent reçu des noms différens, il n'y a cependant entr'eux aucune différence sensible ; ils ont le même goût & se cristallisent de la même façon. Ils sont l'un & l'autre indissolubles dans l'eau froide ; mais ils se dissolvent dans l'eau boüillante.

II. La Créme de tartre, comme

nous

nous l'avons déja dit, ne se dissout pas, dans l'eau froide. Pour
la rendre soluble, M. Bolduc,
(Mem. de l'Acad. 1731.) nous
en a fourni ce moyen. Prenez
de la soude, faites-en une forte
lessive que vous filtrerez. Ensuite
vous la ferez boüillir, & vous y
jetterez de la crême de tartre
par pincées. Il s'y excitera une
fermentation. Vous continuërez
à jetter de la crême de tartre jusqu'à ce qu'il ne se passe plus de
fermentation. Puis vous passerez
la liqueur sur le filtre, après quoi
vous la ferez évaporer jusqu'à
ce que la liqueur paroisse un peu
troublée par des flocons de sel
qui nagent entre deux eaux.
L'ayant mise à cristalliser, vous
trouverez au fond du vase votre
cristal de tartre soluble, connu
depuis long-tems sous le nom
de *Sel de Seignette.* Après les dernieres cristallisations, il reste

E

une eau mere qui eſt graſſe, miéleuſe, amere & dégoûtante. Si l'on verſe ſur cette eau quelques goutes d'huile de vitriol, la liqueur ſe trouble & devient blanche; un moment après le reſte de la crême de tartre ſe précipite. Lorſqu'elle eſt précipitée on apperçoit plus diſtinctement que la liqueur eſt d'un bleu céleſte; on la ſépare de la crême de tartre précipitée. Il ſe dépoſe au fond du vaiſſeau un beau bleu de Pruſſe.

Si l'on verſe ſur une diſſolution de ſel de Seignette, de l'huile de vitriol ou de l'eſprit de nitre, ou de l'eſprit de ſel, &c. la liqueur ſe trouble, & peu de tems après la crême de tartre ſe précipite & redevient indiſſoluble dans l'eau froide.

III. Si l'on met du ſel de tartre bien ſec dans une cucurbite de verre, & qu'on y jette d'abord

une certaine quantité de vinaigre
diftilé bien concentré, en agitant le mélange, il s'excite peu
à peu une fermentation & une
ébullition confiderable, laquelle
étant paffée, on y verfe encore
du vinaigre diftilé, qui excite
une fermentation plus forte que
la premiere; on continuë d'y verfer du vinaigre jufqu'à ce qu'il
ne fe faffe plus de fermentation.
Puis on fait évaporer l'humidité
fur un petit feu jufqu'à ce que la
matiere, fans être entierement
deffechée, ait acquis une confif-
rance de miel fort épais. Il reftera au fond de la cucurbite une
maffe brune d'une odeur & d'un
goût de vin cuit fort pénétrant,
laquelle s'humecte plus aifément
à l'air que le fel alkali, & s'évapore fi on la laiffe à découvert.
C'eft ce qu'on nomme *Terre fo-
liée de tartre.*

I V. Si l'on met trois parties de

Sel marin décrepité dans une cornuë tubulée *E* (Fig. 56.) c'eſt-à-dire , percée d'un trou vers *H* que l'on puiſſe boucher très - exactement ; qu'on verſe goute à goute par le trou *H*, une partie d'acide de vitriol, & qu'on ait ſoin de bien boucher les jointures. Auſſitôt des vapeurs fortes & vives monteront dans le récipient *G* ; de ſorte qu'à l'aide d'un très-petit feu , qu'on augmentera peu à peu , & qu'on pouſſera à la fin juſqu'au dernier degré , on retirera de ce mélange l'*Eſprit acide du ſel marin* , qui s'étant ſéparé de ſon Sel alkali, aura paſſé dans le récipient *G* , tandis que l'*Acide du vitriol* s'étant emparé de l'alkali du Sel marin aura formé un nouveau ſel qu'on retire de la liqueur par la criſtalliſation. Ce Sel pourroit être conſideré comme un Sel marin vitriolé ; mais Glau-

ber, qui en trouva la compofition, le nomma *Sel admirable.*

Ce Sel étant mis fur la langue
lui imprime une fraicheur mêlée
d'amertume qui s'y fait fentir
long-tems; il eft très-friable, il fe
diffout promptement dans l'eau
froide, il fond à l'approche de
la moindre chaleur, & devient
fluide & limpide; puis pouffé par
un feu continu, il fe convertit
en une chaux faline blanche. Il
perd par la calcination près des
deux tiers de fon poids; étant mis
fur un charbon ardent il ne cré-
pite point, il s'y fond d'abord, &
fe réduit enfuite en chaux; lorfque l'on laiffe ce fel expofé à l'air
fec, il fe calcine à fa furface.
Avec une certaine quantité de
ce Sel réduit en chaux, foit
par l'air ou par le feu, on peut
coaguler trois fois autant de fon
poids d'eau ou de biere de maniere qu'elles reffemblent à la

E iij

glace. Il y a en Espagne une source qui fournit naturellement un
sel tout pareil à celui ci ; ainsi
que M. Bolduc l'a vérifié (Mem.
de l'Ac. 1724.) & cet habile Chimiste a découvert de ce Sel dans
presque toutes les Plantes & les
Eaux minerales qu'il a analisées.

On décompose de la même façon
le Sel marin par l'Esprit de nitre,
lequel en s'unissant avec l'Alkali
du Sel marin, forme un Sel qui
fuse au feu, & tient le milieu entre le Nitre & le Sel marin. On le
nomme *Nitre quadrangulaire.*

V. Si l'on met dans un vaisseau de verre une certaine quantité de Sel Ammoniac pulverisé,
& qu'on verse goute à goute de
l'Acide de vitriol ; la matiere se
gonflera, il se fera une grande
ébullition lente & froide ; car le
Thermometre étant plongé dans
le mélange, baissera tandis qu'un
autre Thermometre exposé à la

vapeur qui en ſort, & qui eſt
très-acre, montera. On continuëra de verſer de l'Acide de
vitriol ſur la matiere juſqu'à ce
que la fermentation ceſſe. Alors
on placera le vaiſſeau ſur un
feu de ſable, & l'on fera évaporer l'humidité : il reſtera un ſel
onctueux. fort acre & un peu
amer, qu'on pourroit conſiderer
comme un Sel ammoniac vitrio-
lé; c'eſt *le Sel Cathartique de Glau-*
ber. On peut voir là-deſſus les
Mémoires de l'Académie 1715.

Si l'on fait diſſoudre du Sel
ammoniac dans de l'eau, & qu'on
y verſe de l'acide de vitriol comme ci-devant ; il s'y paſſe une fermentation, qui au lieu d'être
froide, eſt chaude.

VI. M. Geofroi (Mém. de
l'Acad. 1732.) a découvert, que
ſi après avoir mis dans une terrine de grès quatre onces de Bo-
rax, qu'on aura fait diſſoudre

dans une quantité suffisante d'eau
chaude, on y verse 9 gros d'acide de vitriol bien concentré ; on
apperçoit après avoir laissé évaporer quelque tems ce mélange,
des petites lames fines & brillantes qui surnagent la liqueur.
Il faut aussitôt faire cesser l'évaporation, prenant garde de ne
pas ébranler la terrine, crainte
de troubler la cristallisation ; peu
à peu les lames augmentent en
épaisseur & en largeur, se joignent plusieurs ensemble, & forment des floccons qui se précipi-
tent. En cet état il faut decanter
doucement la liqueur surna-
geante, c'est-à-dire, la verser
par inclination dans un autre
vaisseau, verser lentement par
les bords de la terrine de l'eau
froide sur les cristaux pour emporter le reste de la liqueur saline, ensuite les égouter, &c. C'est
le *Sel sédatif* de M. Homberg,

que ce Chimiste n'avoit pû obtenir que par une très-longue & très-pénible opération.

Ce Sel est folié & leger , doux au toucher , frais à la bouche , légerement amer , faisant un peu de bruit sous les dents , & laissant une petite impression d'acidité sur la langue. La liqueur saline décantée de dessus ce sel, donne un sel de Glauber par l'évaporation & la cristallisation.

REMARQUE.

Les Acides & les Alkalis s'unissent si étroitement dans la composition artificielle des Sels dont nous venons de parler, que les Chimistes les ont long-tems regardés comme inséparables.

M. Stall a enfin trouvé le moyen de les desunir en transportant l'acide vitriolique , dont ces Sels sont composés , sur une autre matiere. Ainsi si dans une

solution de tartre vitriolé, on
verse une dissolution d'argent
faite avec l'esprit de nitre ; dès
l'instant qu'on les mêle, & sans
que le mélange s'échauffe, l'aci-
cide vitriolique quitte le Sel de
tartre, se lie & se précipite avec
l'argent ; & l'acide nitreux abandonnant l'argent à l'acide vitriolique, se joint au Sel de tartre ; car après qu'on a retiré la
poudre d'argent qui s'est précipitée, & qu'on a fait cristalliser
la liqueur, on trouve au fond
un nitre regénéré.

PROPOSITION. V.

Les Sels acides s'unissent aussi na-
turellement avec des molécules
d'huile, & forment avec la terre
des coagulés, qu'on nomme Bi-
tumes.

Les Chimistes distinguent de
deux sortes de Bitumes, les uns

liquides, comme le *Petrole* ; les autres fecs & friables, tels que font le Soufre commun, l'Ambre jaune, autrement appellé *Succin* ou *Karabé* ; l'Ambre gris, l'Ambre noir ou *Jayet*, le Charbon de terre, l'Afphalte, &c. Ces matieres minerales font inflammables, elles fe liquéfient au feu, elles ne fe diffolvent pas dans l'eau commune comme les Gommes, ni dans l'Efprit de vin, comme les Réfines; mais uniquement dans les huiles, avec lefquelles elles fe mêlent & s'incorporent. Nous ne parlerons ici que du Soufre commun. Ainfi,

I. Si ayant pulverifé groffierement une demi-livre de Soufre commun, on le met dans une cucurbite de verre, (fig. 56.) placée à nud fur un peu de feu, & qu'on mette deffus une autre cucurbite de terre non verniffée, enforte que le cou de l'une entre dans celui de l'autre. Qu'on léve de demi-heure en demi-heure la cucurbite supérieure, pour en adapter une autre à l'inférieure, après y avoir jetté de nouveau Soufre, & ainsi de suite. Le feu ayant cessé, il ne restera au fond de la cucurbite inférieure qu'un peu de terre. Mais on trouvera dans chacune des cucurbites supérieures un enduit jaune, qu'on ramassera pour le mettre dans un pot de verre. C'est ce qu'on nomme *Fleurs de soufre.* Dans cette opération le Soufre n'a point été décomposé, il s'est seulement purifié & rarefié à l'aide de la sublimation.

II. Mais si dans une grande terrine de grès Q (fig. 6o.) on en pose une autre petite renversée *R*, & pardessus celle-ci une écuelle de grès *S*, remplie de Soufre fondu, & sur le tout un grand entonnoir de verre *T*, dont le col soit aussi long que celui d'un matras. Ayant mis le feu au Soufre, & quand il est consommé, versant d'autre Soufre fondu dans l'écuelle, & ainsi de suite. L'opération étant finie, on trouvera au fond de la terrine ℞ une liqueur qu'on nomme *Esprit de soufre*, nullement inflammable, & qui ne differe en rien de l'acide du vitriol. Ainsi le Soufre commun est une espece de Sel composé d'acides & de molécules d'huile qui y tiennent lieu d'alkali. On s'est assuré par un autre procedé, que 16 onces de Soufre commun contiennent jusqu'à 14 onces d'acides vitrioliques, ce qui montre le peu d'huile ou de matiere inflammable que ce mixte contient.

III. Si l'on pulverise, & que l'on mêle exactement parties égales le salpêtre & de soufre commun, & qu'on jette environ une

once de ce mêlange dans un creuset rougi au feu, il se fera une
grande flame, laquelle étant passée on y jette encore autant de
cette matiere, & ainsi de suite.
L'opération finie, on entretiendra le feu dans le même état encore une heure. On jettera ce
sel dans de l'eau boüillante, on
filtrera la liqueur sur le champ,
qui déposera en se refroidissant
un sel amer au goût, très - semblable au Tartre vitriolé, s'il a
été préparé avec soin. On nomme ce Sel, *Sel polychreste de Gla-
ser.*

Dans cette opération le Nitre
& le Soufre commun se sont dé-
composés par l'inflammation, ou
la déflagration. Les acides du
nitre se sont envolés, & les acides vitrioliques contenus dans
le Soufre commun, se sont unis
à la partie alkaline du Nitre,
avec laquelle ils ont fait un sel

femblable à l'*Arcanum duplicatum.*

IV. Si dans quatre parties d'huile d'olive, ou de quelque autre huile végétale que ce foit, on met une partie de fleur de Soufre dans un vafe de terre verni & pofé fur un petit feu, auffi-tôt que le Soufre fera fondu, il tombera au fond fous la forme d'une liqueur rouge & tranfparente ; puis augmentant le feu peu à peu, la liqueur fulphureufe fe diffoudra entierement dans l'huile, & le tout s'épaiffira de telle forte, qu'il ne compofera plus qu'un coagulé, qu'on nomme *Beaume de foufre.*

Si l'on jette dans le mélange une autre quantité de foufre, il s'y diffoudra de même ; de forte que fort peu d'huile pourra diffoudre une grande quantité de foufre.

V. Si l'on met dans un matras fix parties d'huile de téré-

bentine, & une partie de fleur
de foufre, & qu'ayant mis la matiere fur le feu on la faffe boüillir l'efpace d'une heure d'abord
le Soufre tombera au fond, une
partie fe mêlera avec l'huile ; &
enfin le Soufre paroîtra diffout
dans cette huile comme un fel
dans l'eau. Alors laiffant refroidir la liqueur, on la verfera par
inclination dans un autre vaiffeau , & l'ayant mife dans un
lieu frais, le Soufre fe précipitera en criftaux jaunes & tranfparens. On verfe de nouvelle huile
fur le refte du foufre dont on retire de nouveaux criftaux ; de
forte que pour réduire tout le
foufre en criftaux, il faut y employer 16 fois autant pefant
d'huile.

V I. Ni l'eau ni l'efprit de vin
ne diffolvent pas le foufre : mais
fi dans 9 gros de fleur de foufre
fonduë

fonduës on met deux gros de Sel
alkali fixe, très-sec & réduit en
poudre très-fine. Le soufre commencera aussi-tôt à prendre une
couleur rouge, & une odeur sin-
guliere. On remuëra le mélange
avec le bout d'une pipe, & lorsqu'il sera bien fondu & bien mêlé, on le versera sur un marbre
froid, & il se réduira en une
masse rouge, fragile & soluble
dans l'eau, qu'on nomme *Hepar
sulphuris* ou *Foye de soufre.*

VII. Si ayant réduit le Foye
de soufre en poudre, on en met
dans un matras, & qu'on verse
dessus de l'esprit de vin rectifié,
à la hauteur de quatre doigs, la
liqueur se chargera de particules
de soufre, qui lui donneront une
couleur d'or. On la versera par
inclination dans un autre vaisseau, & l'on mettra sur la matiere qui reste au fond d'autre
esprit de vin, qui deviendra jau-

ne comme le premier, & ainſi
de ſuite juſqu'à ce que l'eſprit de
vin demeure clair.

VIII. Si ſur cette teinture dorée
de ſoufre, on y verſe goute à
goute du vinaigre, auſſi-tôt le
ſoufre ſe précipitera en une poudre blanche, & la matiere exha-
lera une forte odeur d'excre-
ment. Ce qui arrive dans toutes
les autres diſſolutions du ſoufre
par les alkalis, lorſqu'on y verſe
goute à goute quelque liqueur
acide que ce ſoit.

IX. Le Soufre, ſelon M. Homberg (Mem. de l'Acad. 1703.)
eſt compoſé de trois ſortes de
matieres, de ſoufre principe, d'acides vitrioliques, de terre. Feu M.
Geaufroi (Mem. de l'Ac. 1704.)
a confirmé cette idée en recom-
poſant le ſoufre par le mélange
& l'union de ces mêmes matieres en cette ſorte.

Mêlez parties égales d'huile de

vitriol, & d'huile de thérébenti-
ne, laissez digérer le tout pendant quelque tems, le mélange
s'échauffera & deviendra rouge.
Versez ensuite de l'huile de tartre sur la matiere, elle fermente-
ra lentement, s'épaissira, deviendra savonneuse ; jettezla ensuite
dans un creuset rougi entre les
charbons, elle s'enflamera & ren-
dra une odeur de soufre très-
pénétrante. Retirez pour lors
la matiere à demi fonduë, & vous
la trouverez en partie jaune &
en partie rouge-brune. C'est le
Soufre commun régeneré.

RRMARQUE.

I. Les *Resines* & les *Gommes*
font des sucs végétaux qui sortent de certaines plantes, de certains arbrisseaux, de certains
arbres comme du Pin, du Melese,
&c. à l'écorce desquels on fait
des incisions par où ces sucs s'é-

coulent. Le Baume de Judée, du Perou, de Copau, & la Térébentine, d'où on tire la Poix, la Colophone, &c. l'huile de Gayac, le Benjoin, le Camphre le Liban, &c. font des réfines. Elles ne différent des bitumes qu'en ce que les fels, les huiles, &c. qui les compofent ayant paffé par les fibres les plus déliées des plantes ou des arbres qui naiffent dans les païs chauds, font mieux digerées ou plus fubtilement divifées & mélangées, ce qui les rend diffolubles par l'efprit de vin. C'eft un fuc gras, oleagineux, inflammable, qui ne fe diffout point dans l'eau, mais feulement dans l'huile ou dans l'efprit de vin; compofé de parties huileufes, mêlées avec un fel acide.

Les Gommes ne différent des Refines qu'en ce qu'elles ne contiennent que peu d'huile & beau-

coup d'eau , jointe à des ſels &
de la terre , ce qui les rend diſſolubles par l'eau commune ; in-
diſſolubles dans l'huile , & dans
l'eſprit de vin ; nullement inflammables & incapables de ſe
liquéfier au feu. La *Manne* eſt
une eſpece de gomme.

On a encore des Gommes-ré-
ſines, comme l'Euphorbe, le Gal-
banum , la Mirrhe , &c. qui ſe
diſſolvent également dans l'eau
& dans l'huile.

II. Les molécules de l'huile
ne ſe mêlent avec celles de l'eau
& ne s'évaporent dans l'air que
très-difficilement : mais lorſqu'elles ſont mêlées avec celles du ſel
alkali , ſoit fixe , ſoit volatil ;
cette difficulté s'évanoüit. Ainſi
ſi l'on verſe dans un vaiſſeau
de verre pareille quantité d'huile
de tartre & d'huile d'olive , &
qu'ayant bien broüillé la matiere,
on la mette chauffer ſur un pe-

tit feu , la remuant fans ceffe
avec le bout d'une pipe , elle
prendra infenfiblement la forme
d'un corps folide blanc , qu'on
nomme *Savon.*

Si une petite quantité de cette
maffe étant expofée à l'air froid
fe réduit en eau , c'eft une marque qu'on n'a pas mis affez d'huile dans la matiere ; fi étant mife
dans l'eau elle ne s'y diffout que
difficilement , c'eft une marque
qu'il n'y a pas affez d'huile de
tartre. De forte que la bonté du
favon confifte dans le mélange
d'une jufte proportion d'huile &
de fel alkali. La Gomme eft une
efpece de favon.

III. Entre les différens phénomenes que la Chimie a découvert
de nos jours , un des plus fur-
prenans eft la production de la
flame par le fimple mélange de
deux liqueurs froides.

Ayant jetté dans de l'huile de

vitriol concentrée , parties égales de salpêtre pulverifé , &
échauffé vivement la matiere
pour former une efpece d'eau
forte. Si l'on met dans un grand
verre fix gros d'huile de Gayac ,
& qu'on verfe peu à peu , mais
de fuite environ 9 gros de cette
eau forte , quoique froide , il s'excitera d'abord une très-grande
fermentation , accompagnée de
bruit & d'une groffe fumée épaif-
fe , & l'on verra paroître auffi-
tôt une grande flame , du milieu de laquelle il s'elevera hors
du verre une maffe haute
d'environ deux pieds , legere ,
fpongieufe , caffante , noirâtre &
luifante. M. Geofroi (Mem. de
l'Ac. 1726.) a trouvé le moyen
d'enflamer la Térébentine , &
prefque toutes les huiles effen-
tielles par de femblables procedés , que l'on trouvera décrits
dans fes Mémoires.

IV. Si après avoir mis en poudre une certaine quantité d'Alun de rocke, on le mêle avec le tiers de son poids de farine ou de miel, ou de sucre, &c. dans un plat de terre qui résiste au feu ; & qu'ayant fait sécher sur le feu la matiere jusqu'à ce qu'elle soit devenuë brune, que l'ayant séparée du vaisseau pour la broyer de nouveau, la remettre en poudre, & la faire dessecher sur le feu, jusqu'à ce que les grains ne s'attachent plus les uns aux autres, on met de cette poudre dans le fond d'un petit matras bouché légerement avec du papier, & le matras dans un creuset qu'on achevera de remplir de sable, & qu'on mettra sur un petit fourneau entouré de charbons ardens. Quand le bas du col du matras aura paru rouge durant environ un demi quart d'heure, ou jusqu'à ce qu'il ne

paroisse

paroiſſe plus ſortir de vapeurs, l'opération ſera faite, & la matiere contenuë dans le matraš que l'on bouchera exactement, eſt ce qu'on nomme *Phoſphore brûlant.*

Si l'on débouche la bouteille, & qu'on laiſſe tomber ſur un lieu ſec un petit morceau de cette matiere, peu de tems après elle devient bleuâtre, brune, & ſe change enfin en charbon ardent qui brûle le papier & autre matiere combuſtible, ſur laquelle on l'aura verſée. Lorſqu'on expoſe à l'air dans un lieu obſcur une certaine quantité de cette matiere, on ſent au moment qu'elle prend feu une odeur de ſoufre, & l'on voit en même tems une petite flame bleuë qui gliſſe ſur le papier.

PROPOSITION V.

Le fer n'eſt pas la ſeule matiere mé-

tallique propre à composer un sel.
On compose avec chacun des au-
tres métaux des especes de sels,
qu'on nomme Vitrioliques.

Il faut d'abord remarquer que les Chimistes ont donné aux sept métaux le nom des sept Planetes. Qu'ils ont apellé l'or *Soleil*, l'argent *Lune*, le cuivre *Venus*, le fer *Mars*, l'étain *Jupiter*, le plomb *Saturne*, & le vif argent *Mercure*. Que le vitriol vert, comme nous l'avons dit (page 41.) n'est autre chose qu'un composé d'acides & de fer ; & le vitriol bleu un composé d'acides & de cuivre. Ce qui paroît par la formation du vitriol de Mars & de Venus, que nous y avons décrite, & que l'on peut encore former de la maniere suivante.

I. Versez dans une poële de fer bien nette un poids égal d'esprit de vin & d'acide de vitriol, expofez le tout quelque tems au Soleil, ou dans une étuve ; puis mettez-la à l'ombre fans l'agiter. Au bout d'un ou de deux jours la liqueur ayant rongé le fer de ▄ poële, fe fera transformée en un *vitriol de Mars.*

II. Si après avoir ftratifié ou mis fur une couche de marc de raifin dont on a tiré le mout, une plaque de cuivre; fur cette plaque une couche de marc de rai-fin, fur cette couche une autre plaque de cuivre, fur cette plaque une autre couche de marc, & ainfi de fuite ; on laiffe mace-rer ces plaques durant quelque tems, on les trouvera couvertes d'une efpece de roüille qu'on nomme *verdet.* Qu'enfuite ayant détaché le verdet des plaques avec un couteau, & l'ayant ré-duit en poudre, on le mette dans un grand matras, & qu'on verfe deffus du vinaigre diftilé, jufqu'à la hauteur de quatre doigts ; ayant placé le tout en digeſtion ſur le ſable chaud pendant deux jours , remuant de tems en tems la matiere ; le vinaigre ſe teindra d'une couleur bleuë , que l'on verſera par inclination dans un autre vaiſſeau. Puis on jettera d'autre vinaigre diſtilé ſur la ma-tiere , & on réïterera l'opération précédente autant de fois qu'on voudra , & juſqu'à ce qu'environ les trois quarts du verdet ſoient diſſous , & qu'il ne reſte plus qu'une matiere terreuſe. Alors on filtrera toute la liqueur qu'on aura ramaſſée , & par l'ébulli-tion totale de l'humidité , ou par ſa criſtalliſation , on en retirera le *vitriol de Venus*.

III. Si l'on fait fondre trois ou quatre livres d'étain ou de plomb dans une terrine plate qui ne ſoit point vernie , & qu'on l'agite ſur le feu avec une eſpatule juſqu'à ce qu'il foit réduit en poudre : qu'on feche bien cette poudre par un feu violent, qu'enfuite on la mette dans un grand matras, qu'on verfe deffus du vinaigre diftilé jufqu'à la hauteur de quatre doigts, & le refte comme ci-deffus, on retirera de l'étain ce qu'on nomme *Sel de Jupiter*, & du plomb ce qu'on nomme *Sel* ou *Sucre de Saturne*.

IV. Si dans une cucurbite de verre on met une once d'argent pur avec trois onces d'efprit de nitre, il fe fera une grande fermentation qui durera jufqu'à ce que l'argent foit parfaitement diffout, après quoi la liqueur deviendra claire & tranfparente, on en fera évaporer environ le quart fur un feu de cendre très-lent, & il s'en précipitera des criftaux ; c'eft ce qu'on nomme *Vitriol de Lune*.

V. Si l'on fait fondre une once

& demie de sel marin dans une pinte d'eau, & qu'on verse cette eau salée dans une dissolution d'argent par l'esprit de nitre, l'argent se précipite. Si l'on fait fondre ce précipité d'argent dans un creuset sur un petit feu, il se réduit dans une masse souple & transparente comme de la corne; si le feu est un peu fort, l'argent se volatilise & on le perd. On nomme cet argent *Lune cornée.*

Dans cette opération le sel marin se décompose; l'esprit de ce sel s'unit à l'argent & se précipite avec lui au fond du vase, tandis que l'esprit de nitre s'unissant à l'alkali du sel marin, forme le nitre quadrangulaire, dont nous avons déjà parlé. (pag. 54.)

VI. L'eau simple dissout le fer. Le vinaigre dissout le fer, le cuivre, l'étain & le plomb. L'esprit de nitre ou l'*Eau forte*, dissout l'argent & ne dissout pas l'or.

L'efprit de fel ne diſſout ni l'argent ni l'or ; mais ſi dans cinq parties d'efprit de nitre on met une partie d'efprit de fel, on fait un diſſolvant qu'on nomme *Eau regale*, qui diſſout l'or, & ne diſſout pas l'argent. Du reſte l'eſprit de nitre & l'efprit de fel, l'eau forte & l'eau regale, diſſolvent chacune en particulier tous les autres métaux.

VII. Pour purifier l'Or & l'Argent on met dans une efpece d'écuelle de terre qui réſiſte au feu & qu'on nomme *Coupelle*, faite d'une pâte dure avec des cendres dépoüillées de fels, telles que le font celles des os dont les fels étant volatils, fe font diſſipés en brûlant. Ayant fait au milieu une foſſe pour mettre la matiere qu'on veut coupeller, on la laiſſe fecher à l'ombre. La coupelle étant ainſi préparée, on la couvre & on la fait fecher peu à peu jufqu'à ce qu'elle foit rouge. Alors on met dans la foffette 4 ou 5 fois autant de plomb qu'on a d'or ou d'argent à purifier. Le plomb fe fond en peu de tems & bouche les pores de la coupelle, & l'on foufle afin que la flame reverberant fur la matiere, écarte fur les bords de la coupelle le plomb calciné & chargé de parties heterogenes. On le ramaffe avec une cuillere; c'eft ce qu'on nomme *Litarge*. Si on la laiffe, elle paffe à travers les pores de la coupelle. Il faut continuer le feu jufqu'à ce qu'il ne s'éleve plus de fumée, & l'or s'il n'eft pas mêlé avec de l'argent, ou l'argent s'il n'eft pas mêlé avec de l'or, demeure pur au milieu de la coupelle.

VIII. Mais lorfque l'argent eft mêlé avec de l'or pour l'en féparer on fait fondre la matiere dans un creufet, & on la jette

dans de l'eau froide pour la réduire en grenaille, que l'on fait
fecher, on jette enfuite cette grenaille dans une fuffifante quantité d'efprit de nitre, qui diffout
l'argent & ne diffout pas l'or,
qui fe précipite au fond en poudre très-fubtile: On verfe dans
une terrine la liqueur qui eft fur
le précipité d'or que l'on lave
bien, & que l'on met à part. On
place au fond de la terrine une
plaque de cuivre rouge, fur laquelle on verfe la diffolution d'argent mêlée avec 18 ou 20 fois
autant d'eau commune. On laiffe
le tout en repos; au bout d'un
certain tems la liqueur devient
bleuë & la plaque de cuivre fe
trouve couverte d'une poudre
d'argent très-fine, que l'on fait
fecher & qu'on peut réduire en
lingot en la faifant fondre dans
un creufet avec un peu de falpêtre.

Si l'on plonge une plaque de fer dans l'eau bleuë qu'on a retirée de dessus le précipité d'argent, & qu'on nomme *Eau seconde*, le cuivre qu'elle a dissout dans l'opération précédente, & qui a fait précipiter l'argent qu'elle tenoit auparavant en dissolution, se précipitera à mesure que le fer se dissoudra. Si l'on filtre la dissolution, & qu'on y trempe un morceau de pierre calamine, la pierre se dissoudra & le fer se précipitera en poudre. Si l'on filtre encore la liqueur & qu'on y verse goute à goute de l'eau dans laquelle on ait fait dissoudre du nitre, il se fera une précipitation de la calamine. Enfin si l'on filtre encore cette même liqueur, & qu'on y verse dessus peu à peu du sel de tartre dissout dans l'eau, le nitre se précipitera à son tour.

IX. Lorsque l'Or est mêlé avec

un peu d'argent , on verfe une
partie d'efprit de fel dans cinq
parties d'efprit de nitre , & on a
une Eau regale qui diffout l'or
& ne diffout pas l'argent. On réduit enfuite la matiere en grenailles , & on la jette dans une
fuffifante quantité de cette eau.
L'or y demeure fufpendu , & l'argent feprécipite en Lune cornée;
on verfe par inclination dans un
vaiffeau de verre la diffolution
de l'or, dans laquelle on verfe 18
ou 20 fois autant d'eau ; on laiffe repofer long-tems la liqueur ,
afin de ne rien perdre ; puis
ayant verfé par inclination l'eau
furnageante , on lave la poudre
d'or qui eft reftée au fond avec
de l'eau tiéde jufqu'à ce qu'elle
foit infipide.

Ou bien on verfe fur la diffolution d'argent , de l'huile de
tartre faite par défaillance. Il fe
fait une effervefcence avec chaleur, & l'Or fe précipite en pou

dre jaune. Si l'on fait secher cette poudre d'or sur un papier à une très-lente chaleur, elle s'envole avec grand bruit, & c'est ce qui lui a donné le nom d'*Or fulminant*.

L'Or & l'Argent que l'on retire de cette opération ne sont donc pas encore réduits dans leur état naturel. Pour dégager l'or des particules du sel de tartre qui le rend fulminant, on le fait fondre dans un creuset enduit de suif, on met aussi une couche de suif sur la matiere, les esprits s'envolent avec le suif & le métal reste pur & net au fond du creuset.

Pour faire la réduction de la Lune cornée, ou de l'argent rendu volatil par l'esprit de sel marin, l'on se sert d'un creuset d'Allemagne enduit de suif dans lequel on met une demi-once de cendres gravelées pulverisées :

pour quatre onces de lune cornée qu'on met dans le creuset ;
on ajoûte une once ou deux de
cendres gravelées pardessus, avec
un peu d'huile vegetale. On
donne un feu lent, afin que la
graisse se consume peu à peu ;
lorsqu'elle est consumée il faut
boucher le creuset le plus exactement qu'il est possible ; on augmente le feu jusqu'à ce que les
matieres soient en fusion. On
verse alors la matiere , & l'on
trouve trois onces d'argent rectifié par cette opération.

X. Pour réduire l'étain ou le
plomb en poudre , on le fait fondre dans un creuset , & on le
jette dans une boëte ronde de
bois frotée de craye, que l'on
agite promptement jusqu'à ce
que la matiere soit refroidie, on
trouve le métal réduit en poudre grise. Ou bien si l'on fait fondre de l'étain ou du plomb dans

un plat de terre qui ne foit point verni , & qu'on l'agite long-tems avec une efpatule, la matiere fume & fe réduit en poudre. On la retire du feu , & on la laiffe refroidir ; c'eft ce qu'on nomme *Chaux d'étain* ou *de plomb.*

Si on a employé 20 livres de plomb dans l'opération, on en retirera 25 livres de chaux, & fi l'on fait fondre cette chaux en la mêlant avec un peu de graiffe, on n'en retirera que 19 livres de plomb.

Si l'on met la chaux de plomb calciner au feu de reverbere pendant 3 ou 4 heures, elle prendra une couleur rouge ; c'eft ce qu'on appelle *Minium.*

Si l'on fait boüillir du vinaigre dans une cucurbite , & qu'on expofe à la vapeur qui en fort de petites lames de plomb, on trouvera fur leur fuperficie une pou-

dre blanche. Si on la ramasse
avec une patte de liévre, & qu'on
réitere l'opération, tout le plomb
se réduira en cette poudre, qu'on
nomme *Ceruse.*

XI. Pour purifier le cuivre on
le réduit en lames très-minces,
que l'on stratifie dans un grand
creuset avec du soufre pulverisé.
C'est-à-dire, que l'on met d'a-
bord au fond du creuset une
couche de soufre, puis une lame
de cuivre, puis une couche de
soufre, & ainsi de suite. On met
sur le creuset un couvercle qui
ait un trou au milieu pour donner issuë aux fumées, & on expose le creuset à un grand feu
jusqu'à ce qu'il ne jette plus de
fumée. Alors on retire les lames
de cuivre toutes chaudes, & on
les met en poudre dans un mortier ; c'est ce qu'on nomme *Cui-*
vre brulé.

Puis on remet cette poudre

dans le creuſet , on la fait rougir ſur un grand feu, & on la jette
toute rouge dans un pot où il y
ait aſſez d'huile de lin pour lui
faire ſurpaſſer la matiere de quatre doigts. On couvre auſſi-tôt le
pot ; car autrement l'huile pren-
droit feu, & on laiſſe tremper le
cuivre juſqu'à ce que l'huile ſoit
à demi refroidie ; on l'en ſépare, on la remet rougir dans le
creuſet, & on la jette de nouveau dans l'huile de lin , ce que
l'on réitere neuf fois , changeant
d'huile de trois en trois fois ; on
fait enfin calciner le cuivre pour
la derniere fois, & on a un beau
Crocus ou *Safran* de cuivre bien
pur, & qui aura repris ſa couleur.

XII. Si l'on met dans une terrine de la limaille de fer bien
nette,& qu'on l'expoſe à la pluye,
juſqu'à ce qu'elle ſoit réduite en
pâte, la retirant à l'ombre dans

un

un lieu sec, elle se roüillera ;
puis l'ayant pulverisée, on l'ex-
posera de nouveau à la pluye,
pour qu'elle se réduise en pâte,
& se roüille une seconde fois.
Ayant réiteré cette opération jusqu'à 12 fois, on réduira la matiere en poudre bien subtile, &
on aura un bon *Safran de Mars*.
Faute de pluye on peut se servir
de l'eau de miel pour humecter
la pâte.

RRMARQUE.

Les mines nous fournissent
de certaines matieres métalliques, qu'on n'a pas mis au rang
des métaux, à cause qu'elles ne
sont pas malleables. Telles sont
le *Cinabre*, le *Bismuth*, la *Calamine*, le *Zinc*, l'*Antimoine*, l'*Arcenic*, l'*Orpiment*, le *Realgal*, &c.

I. Le *Cinabre* n'est autre chose
que du vif argent uni avec le
soufre commun. Car si l'on fait

fondre fur le feu dans une terrine qui ne foit point verniſſée
deux livres de foufre, & qu'ayant
mis dans un linge un peu fort
cinq ou fix livres de vif-argent,
on le preſſe pour le faire tomber
dans le foufre fondu en forme de
pluye, remuant continuellement
la matiere avec une eſpatule de
fer, & la tenant en fuſion juſqu'à ce qu'il ne paroiſſe plus de
vif-argent ; qu'enſuite on pulveriſe ce mélange & qu'on le faſſe
fublimer dans des pots, à feu
ouvert & gradué ; on aura une
maſſe dure, peſante, brillante,
caſſante & d'une couleur très-
rouge, qu'on nomme *Cinabre ar-*
tificiel.

II. Si l'on pulveriſe une livre
de Cinabre artificiel, & qu'on
le mêle exactement avec trois livres de limaille de fer, ou de
chaux vive en poudre, qu'on
mette le mélange dans une ter-

rine de grez ou de verre lutée, de laquelle le tiers pour le moins demeure vuide, qu'on la place au fourneau de reverbere, & qu'après y avoir adapté un récipient rempli d'eau sans luter les jointures, on laisse le tout en repos pendant 24 heures. Qu'ensuite on donne le feu par degrés; le vif-argent coulera goute à goute dans le récipient. On continuëra le feu jusqu'à ce qu'il ne sorte plus rien. L'opération est ordinairement achevée en 6 ou 7 heures; on jette l'eau du récipient, & ayant lavé le vif-argent pour le nettoyer de quelque peu de terre qu'il peut y avoir entrainée, on le fait sécher avec des linges ou des miettes de pain.

Le vif argent ainsi revivifié du Cinabre, peut être regardé comme purifié. On purifie aussi le mercure en le faisant passer par une peau de chamois. On retire ordinairement des mines le vif - argent tout coulant : mais on est souvent obligé pour le séparer de sa terre de le faire distiler dans des cornuës de fer adaptées à des récipiens remplis d'eau ; ce métal fluide quoique très-pesant, est néanmoins trèsvolatil ; c'est-à-dire, qu'il s'éleve dans l'air à certain degré de chaleur ; mais lorsqu'il rencontre dans la mine des soufres, il se lie & s'incorpore avec eux de telle sorte, qu'ils composent ensemble une masse rouge, un *Cinabre mineral.*

Pour revivifier le Cinabre mineral en mercure coulant, on le pulverise & on le mêle avec un poids égal de sel de tartre & le reste comme ci-dessus. Mais on n'en retire pas tant de mercure que du Cinabre artificiel.

III. Si l'on prend un gros d'Or

très-fin, qu'on le fasse battre en petites lames très-déliées, qu'on fasse rougir ces lames dans un creuset à grand feu ; qu'alors on verse dessus une once de vif-argent revivifié du Cinabre, remuant la matiere avec une petite verge de fer ; & que quand on verra qu'il commencera à s'élever une fumée, ce qui arrive en peu de tems, l'on jette le mélange dans une terrine remplie d'eau, il se congélera & deviendra maniable ; on le lavera plusieurs fois pour en ôter la noirceur, & on aura une dissolution d'or par le vif-argent, qu'on nomme *Amalgame.* On separera de la matiere ce qu'on trouvera de mercure qui ne sera point lié, en le pressant un peu dans un linge avec les doigts, l'or retient environ trois fois son pesant de mercure. Si l'on met cet

Amalgame dans un creuset sur

un petit feu, le mercure s'exaltera en l'air, & laissera au fond l'or en poudre impalpable qu'on appelle *Chaux d'or*. Le vif-argent s'amalgame de la même façon avec les autres métaux, excepté le fer & le cuivre.

IV. Si l'on met en fusion la quantité de soufre qu'on voudra dans un pot de terre qui résiste au feu, & qui ne soit point vernissé, qu'on y mêle peu à peu avec une espatule de fer, un poids égal de vif-argent revivifié du cinabre, & qu'on mette le feu au mélange. Quand le soufre sera brûlé, & qu'on aura laissé refroidir le pot, on trouvera au fond une masse noire, friable, pesante, qu'on nomme *Æthiops mineral*.

Si l'on mêle l'Æthiops mineral avec deux fois autant de chaux vive pulverisée, que l'ayant mis dans une cornuë on le fasse distiler de même qu'en la revivification du cinabre en mercure coulant, on aura un vif-argent très-purifié.

V. Mettez en fusion dans un pot de terre qui ne soit point vernissé, quatre onces de soufre, mêlez-y peu-à-peu six onces de vif-argent purifié, remuez la matiere avec une espatule de fer, ajoûtez-y trois onces de sel ammoniac, & séparez la matiere du pot avant qu'elle soit tout-à-fait durcie ; sa couleur sera grise-brune, pulverisez-la quand elle sera refroidie, & la mettez dans un matras dont elle n'occupe que le tiers, placez le matras sur le sable & donnez-lui d'abord un petit feu, que vous augmenterez peu à peu jusqu'au troisiéme degré & que vous continuerez pendant une heure, ou jusqu'à ce qu'il ne sorte plus de vapeur par le cou du matras. Laissez alors refroidir le vaisseau

& le caffez. Vous trouverez au
haut quelques fleurs blanches,
& en bas une matiere difposée
par couches de différentes couleurs, la premiere jaune, la fe-
conde blanche, la troifiéme grife,
& la quatriéme noire. Réiterez
la même opération jufqu'à quatre fois, & vous trouverez toute
la matiere réduite en deux couches, dont celle de deffus fera
jaune & legere; vous en trouverez 5 onces 1 gros. Celle de def-
fous fera noire & pefante. Mais
étant bien pulverifêe, elle deviendra violette; c'eft le *Mercure precipité violet.*

VI. Si vous faites diffoudre
dans une cucurbite de verre 16
onces de mercure revivifié du
cinabre avec 18 ou 20 onces
d'efprit de nitre. La diffolution
étant faite, vous ferez fondre
dans deux pintes d'eau 10 onces de fel marin, & une once
d'efprit

d'efprit de fel ammoniac, que vous verferez fur votre diffolution de mercure. Il fe fera un précipité très-blanc. Vous verferez par inclination la liqueur furnageante, & vous laverez diverfes fois avec de l'eau votre précipité, & le ferez fecher à l'ombre. C'eft le *Mercure précipité blanc.*

Si on n'avoit employé pour précipitant qu'une diffolution de fel marin, le précipité ne fe feroit fait qu'à demi. Car fi après avoir féparé la liqueur furnageante on y verfe goute à goute de l'efprit de fel ammoniac, on en retire encore une quantité confiderable de précipité blanc. L'efprit de fel ammoniac tout feul précipiteroit bien la diffolution du mercure faite par l'efprit de nitre, mais le précipité feroit *gris.*

Si au lieu d'efprit de fel am-

moniac on y verſe de l'huile de
tartre , il ſe fait un précipité
rougeâtre. Et ſi au lieu de tout
cela on y verſe de l'urine chaude , il ſe fera une ébullition qui
ſera ſuivie d'un précipité de
couleur de roſe pâle. Si après
avoir ſéparé ce précipité de la
liqueur par le filtre , on verſe
ſur cette liqueur quelques goutes d'eſprit volatil de ſel ammoniac , ou d'huile de tartre , il ſe
fera un nouveau précipité de
mercure qui ſera *noir*.

V I I. Prenez trois ou quatre
petits matras de verre fort, à long
col & étroits; mettez dans chacun
4 onces de vif argent bien pur;
bouchez-les légérement d'un papier; placez les dans un même
fourneau ſur le ſable qui les environne juſqu'aux deux tiers de
leur hauteur, donnez deſſous un
petit feu du premier au ſecond
degré pendant deux mois; puis

augmentez-le peu à peu jufqu'au troifiéme degré ; enforte que le fable rougiffe : continuez - le en cet état pendant trois femaines ou jufqu'à ce que le mercure fe foit réduit en une poudre rouge & luifante comme du cinabre ; c'eft le *Mercure précipité par lui-même*.

VIII. Mettez quatre onces de vif argent dans un matras & une once de cuivre coupé par petits morceaux dans un autre matras ; verfez fur le vif-argent quatre onces , & fur le cuivre trois demi-onces d'efprit de nitre, pofez les matras fur du fable chaud jufqu'à ce que les métaux foient diffous, mêlez enfuite les diffolutions dans une écuelle de grès , faites-en évaporer l'humidité au feu de fable jufqu'à ce qu'elles foient réduites en maffe. Augmentez le feu pour calciner cette maffe environ une heure

& demie ; retirez - la du feu &
la laiſſez refroidir ; ſéparez la
matiere de la terrine & la rédui-
ſez en poudre dans un mortier
de pierre, vous en aurez ſix onces. Mettez-la dans un matras,
verſez deſſus du vinaigre diſtilé
à la hauteur de ſix pouces, broüil-
les bien le tout, & poſez votre
matras ſur le ſable chaud en digeſtion, laiſſez-l'y 24 heures, le
remuant de tems en tems : augmentez enſuite le feu pour faire
boüillir la liqueur environ une
heure ou juſqu'à ce que le vinaigre ſe ſoit chargé d'une couleur
verte tirant ſur le bleu, laiſſez-
la refroidir & la verſez par inclination, mettez d'autre vinaigre diſtilé ſur la réſidence, &
procedez comme devant pour tirer le reſte de la teinture. Mêlez
vos diſſolutions, & faites évaporer l'humidité au bain de ſable
dans une terrine de grès à petit

feu jufqu'à ce que la matiere paroiffe en confiftance de miel
épais , retirez-la alors du feu ,
elle durcira en refroidiffant :
mettez-la en poudre, vous en
aurez quatre onces & un gros.
C'eft le Mercure précipité vert.

Il vous reftera dans le matras
deux onces & deux gros d'une
matiere jaune, qui n'aura pas été
diffoute par le vinaigre.

IX. Si l'on met dans une cornuë portions égales de vif-argent
& d'huile de vitriol bien rectifié ;
qu'après en avoir retiré le phlegme & la portion d'acide furabon-
dante, on augmente le feu ; l'a-
cide du vitriol diffoudra le mercure , & ces deux matieres formeront à la fin une maffe très-
blanche , que l'on pouffera jufqu'au fec. Cette maffe étant
mife en poudre lavée plufieurs
fois dans de l'eau tiéde, devien-

dra jaune. C'eſt ce qu'on nomme
Turbith mineral.

X. Si après avoir retiré de la
cornuë la maſſe blanche dont
nous venons de parler, on la
mêle ſans la laver avec parties
égales de ſel commun blanc &
bien ſec, ſans être décrépité,
& qu'on mette ce mélange dans
un matras dont le cou ſoit court,
legerement couvert d'un bouchon de papier, & dont la boule ſoit toute enterrée dans le ſable, que lorſqu'on verra qu'à
l'aide du feu des criſtaux ſe
formeront & s'attacheront au
papier en forme de barbe, on
augmente le feu, & qu'on ôte
peu à peu le ſable d'autour de
la voûte du matras à meſure
que les criſtaux s'y attacheront
en abondance, & que lorſqu'on
s'appercevra que plus rien ne
monte, on retire le matras tout
brûlant hors du ſable, afin qu'il

crevasse par la fraicheur de
l'air.   Ou par le moyen d'un
linge moüillé, dont on l'entou-
rera, la matiere qu'on trouvera attachée aux parois du matras, & qu'on recuëillera avec
soin, est ce qu'on nomme *Mer-*
cure sublimé corrosif. (Bolduc,
Mem. de l'Acad. 1730.)

XI. Si on pulverise 16 oncés
de sublimé corrosif dans un mortier de marbre ou de verre, &
qu'on y mette peu à peu douze
onces de vif argent, agitant le
mélange avec un pilon de bois
jusqu'à ce que le vif-argent soit
imperceptible, qu'on mette alors
cette poudre qui sera grise dans
un matras, duquel les deux tiers
demeurent vuides, & qu'on le
place sur le sable, auquel on
donne au commencement un
petit feu, qu'on augmente ensuite jusqu'au troisiéme degré,
& qu'on continuë en cet état pen-

dant cinq heures. Ayant caffé le matras, rejetté la terre qui fera au fond, & les fuliginofités qui fe feront attachées au cou, & ramaffé avec foin la matiere blanche du milieu, on la re-mettra dans un nouveau matras pour la faire fublimer une fe-conde fois ; ce qu'on réïterera en-core une troifiéme fois, ayant foin à chaque fois de féparer la terre & les fuliginofités, de la matiere blanche. C'eft ce qu'on nomme *Aquila alba* ou *Mercure fublimé doux.*

XII. L'*Antimoine* eft un mineral pefant, caffant, noir, brillant, difpofé en grandes aiguilles plattes, compofé d'un foufre femblable au foufre commun & d'une fubftance métallique, qui ne fe diffout bien qu'avec l'eau régale. 1°. Si l'on réduit en poudre 16. onces d'antimoine & autant de falpêtre mêlés exactement & mis dans un mortier de verre couvert d'une tuile, à la reserve d'une ouverture par laquelle on introduise un charbon de feu, que l'on retire aussitôt. La matiere s'enflamera, & il se fera une grande détonation, laquelle ayant cessé, & le mortier refroidi, on le remuëra, & frappant dessus on en détachera la matiere que l'on séparera des scories avec un coup de marteau. Cette matiere à cause de sa couleur rouge & luisante est nommée *Foye d'Antimoine.*

2°. Si l'on fait calciner sur un petit feu une livre d'antimoine en poudre dans une terrine qui ne soit point vernie, remuant incessamment la matiere avec une espatule de fer, jusqu'à ce qu'il ne sorte plus de fumée, & qu'elle ait pris une couleur grise, qu'ensuite l'ayant mise dans un creuset couvert d'un tuilot, on la fasse fondre à grand feu de charbon jusqu'à ce qu'elle devienne bien transparente, & que lorsque le tout est bien fondu, on la jette sur un marbre bien chauffé, elle s'y congelera en petits morceaux ou filets de verre rouge foncé ; c'est ce qu'on nomme *Verre d'Antimoine.*

Ce verre étant mis dans du vin fait un émetique très-violent.

3°. Si l'on met en poudre six onces d'antimoine, 12 onces de tartre blanc, & 6 onces de salpêtre rafiné ; qu'ayant mêlé le tout exactement, & fait rougir un grand creuset entre les charbons, on y jette dedans une cuillerée de ce mélange, l'ayant couvert d'une tuile ; il se fera une détonation, laquelle étant passée on continuëra à mettre du mélange dans le creuset cuillerée à cuillerée jusqu'à ce que

tout y ſoit entré. On fait alors
un grand feu tout autour, &
quand la matiere eſt entierement
fonduë on la verſe dans un mortier de fer graiſſé avec du ſuif &
chauffé, on frappe les côtés du
mortier afin de faire précipiter
le régule au fond ; lorſqu'il eſt
froid, on le ſépare des ſcories
qui ſont deſſus avec un coup de
marteau, & on a une maſſe de
très-beau *Regule d'Antimoine étoi-
lé*, auſſi pur qu'il peut l'être,
peſant ſix onces & un gros, &
14 onces de ſcories. On peut
mêler du fer dans cette opération, & alors on nomme le régule *Antimoine martial.*

4°. Si l'on pulveriſe groſſiere-
ment les 14 onces de ſcories dont
on vient de parler, & qu'on les
faſſe boüillir dans un pot de terre
pendant une demie heure avec
16 livres d'eau commune, & qu'-
ayant filtré la liqueur on y verſe

du vinaigre ; il se fait une ébullition & précipitation d'une poudre rouge au poids de 8 onces &
demie, qu'on nomme *Soufre doré
d'Antimoine.*

Si après avoir séparé par la
filtration cette poudre du reste
de la liqueur qui se coagule
promptement, on y verse dessus
de nouveau vinaigre, il se fait
un nouveau précipité de soufre
doré plus beau que le précédent;
ce qu'on pourra répéter jusqu'à
cinq fois, le dernier précipité sera
jaune comme le soufre commun.

5°. Si l'on pulverise & mêle
exactement 6 onces de régule
d'antimoine avec 6 onces de
sublimé corrosif qu'on mette ce
mélange dans une cornuë de
verre, de laquelle la moitié demeure vuide, qu'on la pose sur
le sable, & qu'après y avoir
adapté un récipient & luté les
jointures, on fasse d'abord des-

sous un petit feu , & qu'on l'augmente ensuite jusqu'au second degré , il distilera une liqueur qui se congelera dans le récipient , & continuant le même feu jusqu'à ce qu'il ne sorte plus rien , on aura dans le récipient ce qu'on nomme *Beurre d'antimoine.*

Si l'on ôte ce récipient , & qu'en ayant remis un autre rempli d'eau , on augmente le feu par degrés jusqu'à faire rougir la cornuë , il coulera du mercure pur que l'on fera secher , & dont on se servira comme du mercure ordinaire.

6°. Si l'on met dans un grand matras, demi-livre de beurre d'antimoine, une livre de cristal de tartre subtilement pulverisé & six livres d'eau commune un peu chaude, qu'on broüille bien le tout, & qu'on fasse dessous un feu gradué jusqu'à faire boüillir

la liqueur, & continuer pendant
sept ou huit heures, jusqu'à ce
que la liqueur soit devenuë blanche, qu'on y verse ensuite peu
à peu une livre d'huile de tartre faite par défaillance & chauf-
fée, il se fera une effervessence,
laquelle étant passée on filtrera
la liqueur encore chaude, on en
fera évaporer l'humidité dans un
vaisseau de verre au feu de sable
jusqu'à siccité, & on aura ce
qu'on nomme *Tartre émétique*.

6°. L'Arcenic, l'Orpiment, le
Réalgal, ne different entr'eux
que par la couleur ; l'un de ces
poisons est blanc, l'autre jaune,
& le troisiéme rouge ; ils sont
composés comme l'antimoine,
d'un soufre & d'une substance
métallique. La Pierre hematite,
l'Emeril, la Calamine, dont on
se sert dans la composition du
cuivre jaune, sont des mineraux
qui contiennent une portion de

vrai métal ; le Regule d'Antimoine, le Bifmuth, le Zinc, &c.
n'étant pas malleables , font pour
ainfi dire de faux métaux.

Je n'entrerai pas dans un plus
grand détail des opérations de la
Chimie ; on peut confulter les
Mémoires de l'Académie, Lemery, Boerhave, Stall, &c. dont
j'ai tiré celles que je viens de ra-
porter.   Il eft tems maintenant
de paffer à l'explication de tant
d'effets merveilleux , & faire fen-
tir& comme toucher au doigt que
ce ne font que des conféquences très-naturelles du mécanifme que nous avons établi dans
les Leçons précédentes, & que
les Phificiens n'ont rien dit jufqu'à préfent fur ce fujet qui puiffe
fatisfaire un efprit raifonnable.

Au refte, quoique je fois entré dans un affez grand détail des
opérations de la Chimie pour
mettre un peu au fait de ces opé-

rations les Phiſiciens qui d'ordinaire ne ſont pas dans l'exercice
de cet Art ; mon deſſein n'eſt
pas néanmoins de tout expliquer
dans une préciſion parfaite, je
ſortirois des bornes que je me
ſuis preſcrites : mais ſeulement
d'en dire aſſez pour mettre en état
ceux qui voudront profiter de
ce travail, de faire uſage dans
la Chimie du Mécaniſme que
nous propoſons ici , & qui eſt
ſans comparaiſon plus réel , plus
évident , plus fécond & plus ſimple que celui qu'on y a employé
juſqu'à préſent.

Fin de la Leçon X.

LEÇON XI.

LEÇON XI.

OU L'ON EXPLIQUE mécaniquement les principaux phénomenes de la Chimie.

PROPOSITION I.

Les idées que les Chimiſtes nous donnent de leurs principes, ne ſont pas ſi démonſtratives qu'ils le prétendent. Et on ne peut ſe paſſer dans cet Art de principes élevés au-deſſus de nos ſens.

ON ne peut diſconvenir que les Chimiſtes, qui ſe ſont appliqués à l'analiſe des corps

K

114 Leçon XI. *Des principes*
sensibles, sur-tout ceux de notre
tems qui ont joint l'esprit du mécanisme à l'observation, n'ayent
porté un grand jour dans la
science des choses naturelles,
par une infinité d'expériences
qu'ils ont faites & qu'ils continuent de faire avec une sagacité & une adresse merveilleuse.
Mais on s'abuseroit visiblement
si l'on se persuadoit que les principes qu'ils proposent sont *Démonstratifs*, c'est-à-dire, sensibles
& palpables.

Il est vrai que les Chimistes
retirent de la plûpart des sujets
qu'ils soumettent à leurs opérations ce qu'on nomme, *esprit*,
huile, *sel*, *eau* & *terre*, & que ces
mots réveillent dès idées qu'on
peut appliquer à de certains objets qui frapent nos sens : mais
quand ils viennent à nous décrire dans le détail ce qu'ils en-
tendent précisément par ces

mots ; hé comment pourroient-
ils s'exempter de le faire, à moins
que de tomber dans de perpe-
tuelles équivoques ? on ne voit
alors que trop fenfiblement que
cette démonftration tant vantée
de leurs principes, n'eft pas plus
claire que celle des principes
des autres Philofophes ; & qu'ils
font fujets à tomber dans les mêmes illufions qu'ils leur repro-
chent, auffi-tôt qu'ils s'éloignent
des loix des Mécaniques : ou
qu'ils ne veulent pas les approfondir fuffifamment.

En effet, que feroit-ce que
la connoiffance même la plus
précife de ces différentes matieres fans celle des divers mouvemens, qui les agitent ; ne feroit-ce pas précifément un corps
fans ame ? Il faut donc toujours
néceffairement, fi l'on veut acquerir quelque connoiffance
diftincte des effets que les Chi-

miftes nous décrivent , en revenir au mécanifme , ou à la détermination précife du mouvement des parties des mixtes qu'ils confiderent ; ce qui n'eft pas fenfible.

Tant qu'on s'en tiendra à dire que l'*Huile* , par exemple , que les Chimiftes retirent des mixtes & qu'ils nomment *Soufre* , n'eft autre chofe qu'une matiere onctueufe & inflammable ; que le *Sel* n'eft autre chofe qu'un corps capable d'exciter fur la langue le fentiment de faveur ; que l'*Efprit* eft un principe actif , l'*Eau* un fluide infipide , la *Terre* une fubftance incapable par elle-même d'aucune action. Il eft vifible qu'on n'aura jamais qu'une connoiffance très-confufe de ces objets. Il faut donc néceffairement en venir jufqu'à déterminer la figure des particules de ces matieres ; auffi l'a-t'on fait en nous difant, que l'eau n'eft qu'un amas de petits corps cilindriques, qui n'ont par euxmêmes aucune action ; que l'huile eft un fluide dont les parties font de petites branches ; que le fel eft un affemblage de petites pointes emboëtées dans des efpeces de guaïnes, &c. Or les Chimiftes n'ont certainement jamais ni vû, ni montré à perfonne ni ces cilindres fouples de l'eau, ni ces branches de l'huile, ni ces pointes des fels acides, ni ces guaines des fels alkalis, ni l'artifice par lequel ils font agir ces petits corps les uns fur les autres; & tout cela n'eft gueres démonftratif; c'eft-à-dire, fenfible & palpable. Il en eft de même de tout le refte.

Quelques - uns diront peutêtre que ce mécanifme eft étranger à la Chimie, & que les Anciens n'en ont pas fait ufage.

Mais les qualités occultes des anciens Chimistes étoient-elles plus sensibles, & ont-elles plus contribué à perfectionner la Chimie que l'idée des corpuscules ? On voit au contraire par la comparaison de l'ancienne Chimie avec la nouvelle, que le mécanisme, quoiqu'imparfait, qu'on y a introduit depuis Descartes, l'a si fort perfectionnée, qu'on diroit que les Anciens étoient des aveugles en comparaison des Modernes ; & qu'il est arrivé à la Chimie, ce qu'on voit être arrivé à l'Anatomie. Qu'étoit-ce que l'Anatomie avant que Descartes y eût joint l'idée du Mécanisme ? Que voyoient les Anciens dans le corps animé ? qu'un amas confus d'idées inintelligibles, qui offusquoient leur entendement, & leur cachoient la vûë d'une infinité de constructions admirables, & de mouve-

mens régulierement ordonnés ;
de rapports diſtinctement déterminés par les ſimples loix des
Mécaniques, avec l'air, l'eau,
& les autres objets extérieurs ;
rapports qu'on n'a reconnus
réels que depuis que ces loix
nous les ont manifeſtés.

Il faut s'en tenir, dira-t'on
encore, à la ſimple expérience,
à l'obſervation toute nuë, ſans
pouſſer plus loin le raiſonnement ; on ſe perd on s'égare
dans ces idées abſtraites de mouvemens & de figures ; il faut s'é-
loigner autant qu'il eſt poſſible
de tout eſprit de ſiſtême, & ne
s'en tenir qu'à la ſeule expérience qui a ſucceſſivement renverſé
tous les ſiſtêmes.

Mais la méthode qu'on nous
preſcrit ici, eſt-elle praticable ?
L'homme peut-il ne pas faire
uſage de ce qu'il y a en lui de
plus excellent ? Peut-il conſide-

rer des effets merveilleux, sans
s'efforcer en même tems d'en découvrir les causes. Ceux mêmes
qui affectent le plus de s'éloigner de l'esprit du Mécanisme,
peuvent ils s'empêcher d'en faire
usage ? ne nous parlent-ils pas
sans cesse de ces branches, de ces
pointes, de ces guaines ? ils font
pis, ils nous parlent aussi d'at-
tractions, de répulsions, d'affi-
nités, &c.

Dans toutes les Sciences,
n'y a-t'il pas de deux sortes
de verités, ou de rapports, les
uns simples, & les autres composés ? Dans la Géométrie, par
exemple, il y a des axiomes, des
demandes, des propositions naturellement connuës : mais il y
a aussi dans cette science des verités beaucoup plus importantes
& plus relevées, qui ne se dé-
couvrent que par la comparaison que l'on fait des premieres,

que

que l'on connoît de simple vûë.

Dans la Phisique les verités expérimentales répondent aux axiomes & aux premieres notions de la Géométrie : mais on n'aura jamais qu'une connoissance superficielle de la Phisique, si l'on s'en tient uniquement aux expériences, sans oser les comparer entr'elles pour en découvrir les rapports composés, & si l'on ne s'efforce pas de les rapeller toutes à un même principe ; comme je tâche & que j'ai tâché de le faire jusqu'à présent, en rapportant les effets généraux de la nature au seul mouvement circulaire.

Et n'est - ce là qu'une simple curiosité infructueuse pour la Phisique même expérimentale ? ne sommes-nous pas redevables au sistême Cartésien des plus belles & des plus importantes expériences qu'on a faites, soit

L

dans le deſſein de le confirmer, ſoit dans le deſſein de le combattre? Les expériences de Mrs Huygens, Boile, Mariotte, & Newton, ſur l'air, le choc, la lumiere & les couleurs, en ſont des exemples fameux. Et n'eſt-il pas évident que les Phiſiciens, les Chimiſtes même, auroient ceſſé depuis long-tems de faire des découvertes, & ceſſeroient bientôt d'en augmenter le nombre, s'ils ceſſoient de raiſonner ſur ces découvertes? Il vaut donc encore mieux ſe ſervir de principes imparfaits, qui nous guidenp, que de n'en ſuivre aucun, & d'aller à tâtons dans les découvertes de la nature. De ſorte qu'ilmeparoît que, pour ne parler que des morts; Boile, Homberg, Lemery, & tant d'autres qui ont ſuivi cette voye, ont plus contribué au progrès de la Chimie que ceux qui ſe ſont conten-

tés de faire des expériences, &
de les décrire, fans tâcher d'en
approfondir le mécanifme, ou
plutôt qui profitant des fecours
que les fiftêmes leur procu-
rent, affectent de les mécon-
noître.

Tant qu'on a attribué la fuf-
penfion de l'eau dans les pompes à l'*attraction*, ou à l'*horreur du
vuide*, & qu'on n'eft pas allé
jufqu'à en découvrir la caufe
mécanique; à quel point de fté-
rilité cet effet connu par l'expérience n'étoit-il pas réduit ?
Qu'on confidere donc à préfent
qu'on a découvert le vrai mécanifme de cet effet, jufqu'où on
en a porté les conféquences, le
nombre prodigieux d'expériences que cette découverte a produit ; & qu'on juge par cette
comparaifon s'il n'eft pas utile
à la Phifique expérimentale de
découvrir les veritables fources

des effets que l'expérience nous
offre, & s'il fuffit d'entaffer expériences fur expériences, effets
fur effets, fans fe foucier d'en
découvrir les caufes. Se feroit-
on attendu que cet effet des
pompes, lorfqu'on l'attribuoit à
l'attraction, feroit un jour employé à déterminer la figure de
la Terre, par ceux-là même
qui maintenant fe portent avec
le plus d'empreffement à réta-
blir le régne de cette attraction
qui rendoit cet effet fi ftérile.

Mais, ajoûte-t'on, l'expérience a renverfé fucceffivement
tous les fyftêmes déja introduits,
& il y a toute apparence qu'elle
renverfera encore ceux qu'on
introduira de nouveau, à quoi
bon donc les introduire? Je répond, que les expériences qui
ont renverfé fucceffivement les
fyftêmes, font elles-mêmes le
fruit précieux de ces fyftêmes,

& qu'on ne les auroit jamais connuës comme on les connoît, si ces syftêmes ne nous avoient pas aidés à les connoître, s'ils ne nous avoient pas fourni les occafions de les faire. Quand un Architecte a conftruit un édifice il peut jetter au feu les échafauts & les gruës qui ont aidé à le conftruire. Les machines dont il fe fert pour pofer les fondemens ne font plus d'ordinaire utiles pour l'élever hors de terre: ainfi quand les fondemens font conftruits, on peut ceffer de faire ufage de ces machines & en employer d'autres pour élever l'édifice. En Phifique les différens fyftêmes ont raport aux machines dont les Architectes fe fervent, & dont ils ne peuvent abfolument fe paffer, & qu'ils changent & réforment à chaque inftant & à mefure que l'édifice monte à fa perfection. Il eft donc

déraifonnable de vouloir contraindre un Phificien de fe paffer de fyftême, encore plus déraifonnable de vouloir le contraindre à ne faire ufage que de
ceux qui n'ont fervi qu'à dé-
broüiller tant foit peu la Phifique, & qui doivent au contraire
néceffairement fe perfectionner
à mefure que la Phifique monte
à fa perfection.

D'ailleurs une telle ou telle figure, un tel ou tel mouvement
déterminé, ne fe rencontre-t'il
pas dans les opérations de la
Chimie, & dans les effets naturels, auffi réellement que l'eau,
que l'huile, que le fel, que la
terre? & nos fens mêmes ne
font-ils pas témoins de l'exiftan-
ce actuelle de ces mouvemens?
Il faut donc, fi l'on veut avancer dans la connoiffance parfaite des mixtes, connoître ces
figures, ces mouvemens, & les

déterminer aussi précisément que l'on s'efforce de connoître & de déterminer les autres principes.

Les particules des mixtes n'ont pas une figure en général, elles n'ont pas non plus un mouvement en général ; car des figures en général, des mouvemens en général sont des chimeres, & n'ont jamais existé. Ces parties ont des figures déterminées, & il importe autant aux Chimistes de les connoître distinctement, qu'il importe aux Horlogers de connoître les figures & les mouvemens des parties d'un Horloge.

Or on ne peut acquérir cette connoissance que par l'intelligence des loix des Méchaniques. Qu'on dise donc enfin ce qu'on voudra, il sera toujours démontré que la Chimie ne peut se passer de principes élevés au-dessus de nos sens, & que tout ce qu'on

peut & qu'on doit désirer sur ce
point est que ces principes soient
simples & parfaitement intelligibles.

PROPOSITION II.

Les idées que les Chimistes Carté-
siens nous donnent des Acides &
des Alkalis , ne répondent en au-
cune sorte aux effets qu'ils préten-
dent expliquer par leur moyen.

Quoique les Chimistes Cartésiens ayent reconnu que les effets
qu'ils ont observés dans leurs
opérations , ne pouvoient être
qu'une suite des loix des Mécaniques, ils ont néanmoins si fort
négligé l'étude de ces loix, &
les ont si peu suivies dans l'explication de ces effets, qu'on diroit volontiers qu'ils ont affecté
de les renverser toutes l'une
après l'autre. Cela paroît sur-tout
dans la détermination des figures qu'ils ont attribuées aux Aci-

des & aux Alkalis, pour les rendre capables de produire les effets qu'ils ont obſervés dans la Fermentation.

Les Acides à leur avis, ſont de petits corps durs longs & pointus, que l'eau entraine çà & là dans ſes pores, ſans nous dire comment ; car ils ne veulent pas que l'eau ſoit un principe actif, quoiqu'elle ſoit capable de diſſoudre les ſels, & le fer même, & qu'elle procure aux autres principes toute l'activité qu'ils leur attribuent. Les Alkalis au contraire ſont ſelon eux des eſpeces de fourreaux, des guaines, des éponges, dans leſquelles les Acides entrent avec effort. Ils veulent que dans le mélange de deux liqueurs dont l'une eſt chargée d'Acides & l'autre d'Alkalis, auſſi-tôt chaque acide enfile ſon alkali avec une dexterité merveilleuſe. Et ils prétendent ſans

nous alléguer aucune raison d'un
effet si surprenant qu'à l'instant,
& de cela seulement que chacune de ces petites pointes entre
dans son fourreau, ou en sort,
il doit s'exciter dans tous les
points de la liqueur un si grand
fracas qu'elle s'échauffera, boüil-
lira & se rarefiera avec une telle
force que si la liqueur n'étoit
contenuë dans des vaiſſeaux très-
ſpacieux & d'une conſiſtance
très-grande, elle les briſeroit
avec force & se diſperſeroit au
loin avec fureur.

Il eſt vrai que l'expérience nous
rend témoins de ces faits; mais
de dire que cela ne vient que
parce que de petites pointes dures & infléxibles entrent & sortent chacune de l'étui qui les
contenoit; c'eſt vouloir prendre
une citadelle avec des fuſées de
carte, & des canons de ſureau;
c'eſt vouloir qu'un chariot pe-

lamment chargé , attelé à fix
mouches , aille à force de crier.
Ils ont beau frapper nos fens &
notre imagination par des mots
pompeux, énergiques, féduifans.

Mais ils ont beau multi-
plier leurs expreffions figurées ,
on fera toujours plutôt porté à
croire que bien loin que l'introduction de ces pointes dans leurs
guaines doive augmenter à un
tel excès le mouvement des parties de la liqueur les unes à l'é-
gard des autres ; cela doit au
contraire le diminuer confiderablement , ou plutôt le détruire fubitement, à caufe de la prodigieufe quantité de frottemens
qui en naîtroient.

Les Chimiftes ont obfervé ,
par exemple , que la plus grande violence du feu ne peut décompofer le fel marin ; & ils en
ont conclu que les Acides, c'eft-
à-dire , les pointes dures & in-

fléxibles de ce fel , étoient
comme cloüées & rivées dans
leurs guaines. Que néanmoins
lorfqu'on met dans une cornuë
E (fig. 56) trois parties de fel
marin , & une partie d'acide de
vitriol , dès l'inftant les acides
du Sel marin , qui font fi fortement attachés à leurs alkalis,
en fortiront avec une fi grande
furie, pour céder leur place aux
acides du Vitriol , que fi on
n'avoit pas foin d'adapter un
grand & fort récipient *G* à la
cornuë *E* , & de lutter exactement les jointures *F* ; ces Acides,
ces pointes du Sel marin en fortant de leurs étuits, par le feul
mouvement que les acides, les
pointes du Vitriol, ont pû leur
communiquer en les chaffant
de leurs guaines, de leurs alkalis, pour fe mettre à leur place,
fracafferoient tous les vaiffeaux,
& fe répandroient dans l'air

comme des dragons furieux,
passeroient par les fenêtres, &
monteroient jusques par de - là
les tuiles avec une vivacité in-
croyable.

Or je demande ici, par quelle
loi des Mécaniques, des pointes,
des chevilles dures & infléxibles
telles qu'on suppose que font les
acides du Sel marin, qui étant
enfoncées dans les alkalis de ce
fel comme dans des guaines, y
font retenuës fi étroitement, que
la plus grande violence du feu
ne peut les en dégager, & qui
ne peuvent certainement s'y
mouvoir en aucune forte, peuvent néanmoins acquérir fubitement un fi grand mouvement
à l'approche des acides du Vitriol, qui avant le mélange fe
tenoient tranquiles dans les pores de l'eau qui les contient, &
qui ne pouvoient avoir d'autre
mouvement que celui que les

molécules de l'eau pouvoient
leur procurer ? Mouvement qui
n'est pas assurément compara-
ble à celui du feu le moins ardent.

A-t'on jamais conçu ? A-t'on
jamais expérimenté, qu'un corps
dur, quelque grand & pesant
qu'il soit, venant choquer un
autre corps, quelque petit &
leger qu'il puisse être, puisse lui
donner une vitesse plus grande
que celle avec laquelle ce grand
corps choque le petit ? une vitesse comme infinie ? Non cela
n'est pas concevable ; cela est
contraire à toutes les expériences faites sur le choc. On n'a
jamais vû qu'une cheville avec
quelque vitesse que ce soit qu'-
elle soit poussée, en puisse chaf-
fer une autre du trou où elle
est étroitement engagée, lorfque le trou a pû se mouvoir avec
la cheville ; & quand cela se-

roit poſſible, la cheville chaſſée
ne pourroit en aucune ſorte recevoir plus de viteſſe que n'en a
celle qui la chaſſe, & s'éloigner
du trou d'où elle ſort avec la
promptitude avec laquelle les
acides du ſel marin s'éloignent
de leurs alkalis dans la fermentation. D'ailleurs, à moins
qu'on ne transforme ces petits corps en des ouvriers très-
adroits & très - clairvoyans, les
acides du vitriol ne peuvent
chaſſer les acides du ſel marin
de leurs alkalis, & ſe mettre
à leur place, ſi les Acides ſont
des pointes, & les Alkalis des
guaines ; cette opération ſuppoſe en effet trop d'intelligence,
trop de juſteſſe pour pouvoir êrre
executée par des corps deſtitués
d'organes.

Mais voici bien un autre embarras dans lequel les Chimiſtes
ſe jettent, ils ſçavent quelle vio-

lence de feu il faut employer,
(décrite pag. 38.) pour séparer
du vitriol les acides que ce sel
contient. Cependant, comme il
a été dit (pag. 48.) si sur une
dissolution boüillante de vitriol
on verse goute à goute de la liqueur de sel alkali de tartre, il
s'excitera une fermentation pareille à la précédente ; de sorte
que si on continuë à en verser
jusqu'à ce que la fermentation
cesse, les acides du vitriol si fortement attachés dans leurs alkalis, en sortent pour venir se joindre au sel de tartre, & composer ensemble un nouveau sel.
Voici donc selon l'idée des Chimistes, des pointes qui sortent
de leurs guaines où elles sont
très-étroitement retenuës pour
entrer dans d'autres guaines
où elles s'enfoncent à n'en pouvoir plus sortir sans qu'il y ait
d'autres pointes qui les chassent

des

des premieres guaines, & qui les enfoncent dans les secondes. Diront-ils que, quoique le sel de tartre ait été dépoüilé de la plus grande partie de ses acides dans la violente calcination qu'on lui a fait souffrir pour le réduire en sel alkali ; ce sel néanmoins n'a pas laissé que de retenir encore un bon nombre d'acides capables de produire l'effet que nous venons de rapporter. Mais cette supposition est si hors d'apparence, que je ne puis comprendre comment les Chimistes ont pû y avoir recours , & l'on voit bien qu'ils n'ont pû la choisir que faute d'autres ; car les pointes acides dans le sel alkali de tartre seront , ou encore dans leurs guaines , ou hors de leurs guaines. Si elles sont toutes dans leurs guaines , comment auront-elles pû en sortir pour venir chasser celles du vitriol , qui n'étoient pas moins fortement enfoncées dans les leurs : & si elles font hors de leurs guaines, comment n'y rentreront - elles pas à l'inftant en étant environnées, & qui eft - ce qui leur procurera la force à l'approche du vitriol de produire un effet fur les acides de ce fel dont à peine la plus grande violence du feu eft capable.

Concluons donc enfin, (car il feroit ennuyeux de relever dans un plus grand détail toutes les abfurdités de ce fiftême, qui cependant eft devenu fi commun;) concluons, dis-je, que l'explication que les Chimiftes nous donnent du combat des acides & des alkalis, eft fi contraire aux loix des mécaniques le plus communémentreçuës, & fi hors de toute apparence de raifon;elle eft fi peu intelligible, fi peu démonftrative ; c'eft-à-dire, comme ils interprétent ce mot, si peu sensible & palpable, qu'il ne faut pas s'étonner si les Neutoniens s'en mocquent.

Mais comme ces nouveaux venus ne relevent ces absurdités que dans le dessein de nous éloigner absolument du Mécanisme en général, & de nous engager dans des suppositions encore plus étranges; on trouvera bon que sans nous arrêter plus long-tems à discourir sur l'un & l'autre sistême, nous poursuivions fidélement notre carriere, en tâchant de montrer ici que tous ces effets surprenans, tous ces combats merveilleux que l'on voit se livrer dans les fermentations entre les Acides, les Huiles & les Alkalis, ne font qu'une suite du mécanisme que nous avons déja reconnu dans la nature; mécanisme qui n'est proprement qu'une conséquence di-

recte du mouvement circulaire:
Donc, &c. C. Q. F. D.

PROPOSITION III.

Les Acides ne font autre chofe que de petits tourbillons du premier élément contenus dans les pores de l'eau, & ne différent de ceux de l'Huile qu'en ce que les globules, qui circulent dans leur capacité, font beaucoup plus durs, plus denfes, plus pefans, que ne font ceux qui circulent dans les petits tourbillons de l'Huile. Et le Sel Alkali n'eft autre chofe qu'un amas de ces globules durs & pefans, que la violence du feu a detachés des matieres qui les contiennent.

I. Le mouvement inteftin que l'on obferve dans les Eaux fortes, dans l'efprit de fel, par exemple, dans l'huile de vitriol, dans l'efprit de nitre, &c. eft fi

puiſſant, & leur fluidité eſt tellement à l'épreuve du plus grand
froid , qu'on n'aura pas de
peine à ſe perſuader, après tout
ce que nous avons dit juſqu'à
préſent, que les molécules qui
rendent ces eaux ſi fortes, ſont
de petits tourbillons, ſur tout ſi
l'on conſidere que le mouvement
ne peut être permanent dans un
milieu , à moins que les particules qui le compoſent ne ſoient
des petits tourbillons.

Mais comme les Eaux fortes
contiennent toujours une grande quantité de phlegme ou d'eau
commune : que les acides ou ces
particules qui les rendent fortes
ſe diſpèrſent toujours uniformément dans tout le volume de la
liqueur, laquelle eſt d'autant plus
ou moins forte , qu'elle contient
moins ou plus de phlegme ; il eſt
aiſé de conclurre de ces obſervations , que les acides ſont de

petits tourbillons contenus dans les pores de l'eau, ou dans ces intervales étroits que les petits tourbillons de l'eau laiſſent entr'eux.

D'où il ſuit que l'Eau étant (Pr. 4. 8.) un compoſé de petits tourbillons du ſecond élément, les acides ne peuvent être que des tourbillons beaucoup inférieurs en grandeur à ceux du ſecond élément, & par conséquent de guere plus grands que ceux du premier élément, avec leſquels ils feront équilibre.

On peut donc enfin, pour ne pas multiplier ici les principes ſans néceſſité, ſuppoſer les molécules acides ſemblables, pour la grandeur & la ſtructure, aux molécules de l'huile dont nous avons donné la deſcription (Pr. 9. 8.) & penſer que les Eaux fortes ne different de l'eau commune qu'en ce que les pores de ces eaux fortes font remplis de molécules acides, c'eſt-à-dire, de petits tourbillons du premier élément compoſés d'autres tourbillons encore plus petits qui ont chacun un globule dur à leur centre. Et qu'elles ne différent des huiles qu'en ce que les globules durs que les molécules des acides contiennent font beaucoup plus denſes & plus peſans que ceux qui font contenus dans les molécules de l'huile.

Ce qui eſt cauſe 1°. qu'un certain volume d'eau forte péſe beaucoup plus qu'un pareil volume d'huile ou d'eau commune.

2°. Que l'eau forte eſt très-difficile à ſe geler, à cauſe que chacun des petits tourbillons dont elle eſt formée contient peu de ces globules durs dont nous venons de parler; que ces globules conſerveront d'autant plus long-tems leurs mouvemens circulaires qu'ils font plus pefans, & que l'eau dont les acides rempliffent les pores, ne peut fe geler à moins que ces petits tourbillons acides n'en fortent & ne fe transforment en air, comme nous l'avons expliqué (Pr.12.8.) ce qui ne peut leur arriver à caufe de la lourdeur des maffes qu'elles entrainent.

3°. Qu'enfin les petits tourbillons acides entrainant par leurs mouvemens circulaires plufieurs globules extrémement fins & déliés, mais d'une pefanteur & d'une denfité très-grande. Ces petits globules denfes auront auffi tout le mouvement & toute la folidité convenable pour exciter dans l'organe du goût les faveurs piquantes que nous éprouvons à leur approche.

Et quant aux Alkalis, au lieu d'imaginer dans les molécules de ces fels une ftructure mifterieufe rieuſe que les ſimples loix du mouvement ne peuvent fournir; comme nous ſçavons d'ailleurs par un grand nombre d'expériences que les molécules de ces ſels ſont très-ſubtiles ; nous dirons ſimplement que le Sel Alkali n'eſt autre choſe qu'un amas de ces globules durs que les acides contiennent, leſquels ayant été dégagés de leurs tourbillons par la violence du feu, ſont reſtés parmi les cendres, d'où on les retire par la leſſive, & qui étant ſechés au feu ou dégagés de l'eau qui les tient ſuſpendus dans ſes pores, compoſent enfin ce corps blanc & friable, qui excite ſur notre langue un goût ſi vif & ſi pénétrant.

De ſorte que ſi par ce mécaniſme ſimple & intelligible, nous pouvons montrer clairement qu'il n'y a rien de remarquable dans les propriétés des ſels dont nous

venons de parler, rien de surprenant dans les divers combats
des Acides & des Alkalis, qui ne
se dévelope aussi-tôt à notre intelligence ; nous aurons obtenu
tout ce qui est à désirer sur ce
point.

PROPOSITION IV.

La grande quantité d'eau dont les Sels alkalis se chargent, étant exposés à l'air, est une suite mécanique de la construction simple que nous avons attribuée, tant aux molécules de l'eau & de l'air, qu'aux molécules de ces Sels.

On ne peut trouver de termes
assez forts pour exprimer l'admiration des Chimistes qui ont
le plus fait de réfléxion sur les
effets que leur art leur fournit
à chaque instant, lorsqu'ils considerent que dans les lieux les

plus fecs , une livre de fel de
tartre expofée à l'air durant
quelque tems, fe charge d'une livre d'eau qui rend ce fel liquide.

Et en effet, quoiqu'on ne puiffe
douter qu'il n'y ait de l'eau dans
l'air ; cependant comme le poids
d'un pouce cube d'air n'eft que
la huit ou neuf centiéme partie
du poids d'un pouce cube d'eau,
il faut que la quantité d'eau
dont le fel fe charge , foit répanduë dans un très-grand efpace
d'air.

Or comment fe peut - il faire
que cette eau répanduë dans une
fi grande quantité d'air puiffe
venir toute fe ramaffer en fort
peu de tems dans un fi petit efpace ?

Les uns ont dit que l'air contenu dans le lieu où l'on expofe
le fel de tartre , quoiqu'à l'abri
du vent, y circule continuellement fans qu'on s'en apperçoive,

& que chaque molecule d'air qu'il contient venoit l'une après l'autre déposer l'eau dont il étoit chargé sur la superficie de ce sel. D'autres : que l'air demeuroit en repos , mais que c'étoit l'eau qui alloit & venoit dans l'air tantôt d'un côté , tantôt de l'autre , & qui passant plusieurs fois par-dessus le vase où étoit le sel alkali , s'y arrêtoit peu à peu. D'autres enfin regardant cet effet comme une preuve sensible du sistême de l'attraction , ont assuré que les molécules de ce sel étoient doüées d'une vertu attractive , si forte à l'égard de celle de l'eau , qu'elle étoit capable d'amener ses molécules des lieux les plus reculés.

Mais comme nonobstant tout cela , l'admiration n'a pas diminué dans l'esprit de ces Phisiciens; & que l'admiration est la marque la plus certaine de l'igno-

rance de la vraie cause de l'effet
que l'on considere ; il est néceffaire de subtituer ici à ces mouvemens confus qu'on attribuë à
l'air ou à l'eau, & dont on ne
connoît point l'origine ; mais sur
tout au grand mot d'*Attraction*,
qui étonne : mais qui n'éclaire
point, puisqu'il nous laisse après
l'avoir prononcé dans le même
état d'étonnement où nous sommes à la vûë du phénomene ; il
est nécessaire, dis - je, d'y sub-
stituer un mécanisme, qui nous
fasse distinctement comprendre
tout ce qu'il y a ici de merveilleux.

Or il n'y a pour cet effet qu'à
penser que l'eau se répand dans
l'air à peu près de la même façon que nous sçavons (Pr. 9. 9.)
que le sel se dissout dans l'eau.
Nous avons dit & comme démontré par une infinité de raisons, que l'air, l'eau, l'huile, &c.

étoient des amas de petits tourbill.
Que les petits tourbill. dont l'air
étoit formé, étoient incomparablement plus grands que ceux
dont l'eau étoit formée, & ceux-
ci incomparablement plus grands
que les petits tourbillons de
l'huile. Que les pores ou les intervales que les petits tourbillons de l'air laissoient entr'eux,
étoient incomparablement plus
grands que les pores ou les intervales que ceux de l'eau laissoient entr'eux, & ainsi de suite.
Par où l'on peut comprendre avec
quelle facilité les molécules de
l'air en vertu de leur mouvement
circulaire, peuvent entraîner
autour d'elles & dans les pores
ou intervales qu'elles laissent entr'elles, les molécules de l'eau,
de l'huile, des sels, &c. Et que
quoiqu'il y ait tantôt plus, tantôt
moins de molécules d'eau dans
les pores de l'air, l'eau en ver-

tu de ce même mouvement circulaire des molécules de l'air,
se répand toujours si uniformément dans l'air , qu'une de ses
molécules n'en est jamais plus
chargée que l'autre ; ainsi que
nous l'avons expliqué (Pr. 9. 9.)

Or en suivant de près cette
idée , on verra distinctement :
1°. Que la lame d'air qui touche
la superficie du sel étant chargée
de quelques petites goutes d'eau
qui touchent aussi la même superficie du sel ; ces goutes d'eau ,
en vertu de leurs mouvemens
circulaires , se chargeront toutes
d'autant de molécules de sel
qu'elles en peuvent porter , &
qu'étant par - là devenuës plus
pesantes qu'elles n'étoient , les
molécules de l'air ne pourront
plus les soutenir ; qu'ainsi ces
goutes d'eau se détacheront de
l'air & tomberont dans le vase.

2°. Qu'à mesure que la lame

d'air qui touche la superficie du
fel, fe déchargera dans le vafe
des goutes d'eau qu'elle contient,
elle en recevra de nouvelles des
molécules voifines de l'air par
l'action du mouvement circulaire des particules de ce fluide,
qui tend à répandre uniformément dans toute l'étenduë du
milieu, les goutes d'eau qui font
dans l'air ; & que par conféquent cette même lame d'air
qui touche la superficie du fel
contenu dans le vafe, fans qu'il
foit néceffaire qu'elle change de
place, dépofera fur ce fel cette
nouvelle eau dont elle fe fera de
nouveau chargée. Et ainfi de
fuite, jufqu'à ce que le volume de
fel ait reçu autant d'eau qu'il
lui en faut pour être entierement
diffous.

Et voilà donc enfin comment
le fel alkali de tartre, & toutes
les autres matieres calcinées,

pourront se charger promptement de presque toutes les molécules d'eau ou d'huile répanduës dans un grand espace d'air ;
sans qu'il soit nécessaire que les
parties sensibles de l'air ou de
l'eau changent de place : ni que
nous soyons obligés d'avoir recours ici à un autre principe
qu'à celui de l'impulsion. Donc,
&c. C. Q. F. D.

PROPOSITION V.

*L'augmentation de poids & de vo-
lume que certaines matieres reçoivent dans la calcination, ne
peut procéder de la condensation
de la matiere qui sert à transi
mettre la lumiere & la chaleur,
& que les Chimistes nomment matiere ignée, matiere de feu.*

Quoique les Chimistes fassent
profession de n'employer que des

principes *démonstratifs* , c'est-à-
dire , comme ils s'expliquent
eux-mêmes , des principes fenfibles & palpables ; ce n'est pas
à dire pour cela que ceux qui
ont acquis beaucoup de réputation dans leur art , ne fe hazar-
dent quelque-fois d'en propofer
qui n'ont pas ce caractere , lefquels venant d'une main ref-
pectable , ne manquent pas de
faire fortune.

La *matiere ignée* , la *matiere de
feu* , que quelques Chimiftes employent dans l'explication de
plufieurs effets , fur-tout pour
rendre raifon de l'augmentation
du poids que differentes matieres
acquierent dans la calcination ,
en eft un exemple remarquable ;
car depuis quelque tems la plûpart de ceux qui ont écrit fur la
Chimie ne parlent pas autrement
de cette matiere de feu , que
comme d'un principe avoüé.

Il est vrai que ceux qui ont
fait le plus d'usage de ce principe,
& qui l'ont mis le plus en vo-
gue, conviennent qu'il n'est pas
démonstratif par lui - même ,
comme le sel, l'eau, &c. mais ils
prétendent seulement qu'il l'est
par les conséquences. Il s'agit
donc de voir quelles sont ces
conséquences qui établissent si
puissamment la présence de cette
prétenduë matiere de feu , qui
s'introduit dans les pores des
corps que l'on fait calciner, qui
y demeure engagée après l'opération, & qui en augmente considerablement le poids & le volume ; & si ces conséquences ne
peuvent pas bien proceder de
quelqu'autre principe que ce soit
sensible & palpable. Car si cela
étoit , tout l'édifice de cette matiere de feu feroit renversé , à
moins que les Chimistes ne vou-
lussent entierement mettre en

oubli leur maxime fondamentale, qui est de ne se servir, autant
qu'il est possible, que de principes démonstratifs.

Nons avons déja remarqué
(pag. 85) que lorsqu'on fait fondre 20 livres de plomb dans une
terrine plate qui n'est pas vernie,
& qu'on agite le plomb sur le feu
avec une espatule jusqu'à ce qu'il
se soit réduit en poussiere, on
trouve après une longue calcination, que quoique par l'action
du feu il se soit dissipé une grande quantité de parties volatiles
du plomb, ce qui devroit diminuer son poids ; cette poudre ou
cette chaux de plomb au lieu de
peser moins que le plomb ne
pesoit avant la calcination, occupe un plus grand espace, &
pése beaucoup plus : qu'au lieu
de peser 20 livres, elle en pése
25. Que si au contraire l'on re-
vivifie cette chaux par la fusion,

ſon volume diminuë , & le plomb ſe trouve alors moins peſant qu'il n'étoit avant qu'on l'eût réduit en chaux ; en un mot on ne trouve plus que 19 livres de plomb.

Or ce n'eſt ni du bois ni du charbon, qu'on a employés dans cette opération , que le plomb en ſe calcinant a pû tirer ces 5 ou 6 livres de poids. Car on a fait calciner pluſieurs matieres au foyer du verre ardent , dont feu M. le Régent a fait préſent à l'Académie , & on a trouvé égament que leur poids augmentoit. L'air n'a pû non plus ſe condenſer durant l'opération en une aſſez grande quantité dans les pores du plomb , pour y produire un poids ſi conſiderable. Car pour condenſer un volume d'air du poids de 5 livres dans un eſpace cubique de 4 ou 5 pouces de hauteur, il faudroit y employer un poids énor-me. On a donc conclu que cette augmentation de poids ne pou-voit proceder que des rayons du Soleil, qui se sont concentrés dans la matiere exposée à leur action durant tout le tems que dure l'opération, & que c'étoit à la matiere condensée de ces rayons de lumiere qu'il faloit at-tribuer l'excès de pesanteur qu'-on y observoit.

Et pour cet effet on a supposé que la matiere qui sert à nous transmettre la chaleur & la lu-miere, l'action du Soleil ou du feu, étoit pesante, qu'elle étoit capable d'une grande condensa-tion, qu'elle se condensoit en effet prodigieusement dans les pores de certains corps sans y être contrainte par aucun poids. Que la chaleur qui raréfie uni-versellement toutes les autres matieres, avoit néanmoins la

proprieté de condenser celle-
ci , & que la tissure des corps
calcinés , quoique très - foible,
avoit nonobstant cela , la force
de retenir une matiere qui tend
à s'étendre avec une telle force,
qu'une livre de cette matiere
contenuë dans les pores de cinq
livres de plomb , étant dans son
état naturel, devoit nécessairement occuper un espace immen-
se , puisque la pesanteur de cette
matiere dans son état naturel,
est absolument insensible. Que
c'étoit ensuite cette matiere de
feu condensée dans les sels alkalis, qui produisoit en nous ce
goût vif & perçant que nous y
éprouvons ; & dans les fermentations cette chaleur & cette
ébullition qui nous étonne, ces
couleurs vives que les différentes
matieres prennent en se précipitant. En un mot , que c'étoit à
cette matiere de feu à laquelle

on devoit attribuer confufément
les effets les plus délicats de la
Chimie, & que fans être obligé
d'entrer dans aucune autre dif-
cuffion, il fuffifoit d'avoir remarqué que ces effets avoient
quelque relation à ceux que le
feu produit communément, fans
qu'on fache comment, ni qu'on
foit obligé de le dire ; cela fuffifoit, dis-je, pour rapporter tous
ces effets à cette caufe.

Mais les Chimiftes dont nous
parlons avant que de faire un fi
grand ufage de cette matiere de
feu à laquelle ils attribuent
un fi grand poids & tant d'autres vertus merveilleufes, ne
devoient-ils pas au moins, fuivant leur méthode qui eft très-
fage, conftater par quelque expérience fenfible, ce poids prétendu des rayons du Soleil ? Ont-
ils donc éprouvé que la matiere
qui refte dans le récipient de la
machine

machine du vuide lorsqu'on en a pompé l'air grossier, & qui contient certainement la matiere de la lumiere, puisque nous voyons les objets qui y sont renfermés, tenoit le vif-argent suspendu dans le barometre à la moindre hauteur? Ou plutôt, pour nous servir du moyen infaillible que M. Newton nous a fourni pour juger du poids des fluides, ont-ils senti quelque résistance que la matiere de la lumiere fasse à un globe pesant qui la traverse, qui ne doive être attribuée à l'air grossier? Non: M. Newton a démontré par des expériences, que cet espace qu'occupe la lumiere, selon le Sistême du Plein, ne faisoit aucune résistance ; ce qui l'a porté à conclurre suivant ses principes, qu'il étoit *vuide*, qu'il étoit destitué de toute matiere, parce qu'il étoit destitué de toute pe-

O

fanteur ; & perfonne n'a pû jufqu'à préfent fournir aucune
preuve légitime que la matiere
de la lumiere qui produit la pefanteur des autres corps fût pefante.

Mais apparemment ceux qui
croyent pouvoir pénétrer les fé-
crets de la Chimie les plus profonds, fans avoir aucune teinture de Géométrie, & par conféquent de Mécanique , quoique les effets que l'on y confidere ne foient précifément que
des problêmes de mécanique
très-délicats , ne s'en metront
pas beaucoup en peine ; & pour-
vû qu'ils rendent raifon à leur
mode d'un effet particulier qui
les frappe , ils ne s'informeront
pas fi le moyen qu'ils y employent renverfe toute la Phifique générale.

Cependant fi , comme Def-
cartes l'a très-bien remarqué , la

matiere qui doit être le vehicule
de la chaleur & de la lumiere,
& qui nous tranſmet tout-à-la-
fois l'action d'une infinité d'objets ſitués dans toutes les régions
de l'univers, doit néceſſairement
remplir tout le vaſte eſpace qu'il
occupe, & que par conſéquent
elle ne puiſſe jamais être plus
denſe en un endroit qu'en un
autre. Que comme ce qui fait
que le ſon eſt plus fort dans un
clocher que dans un lieu plus
éloigné des cloches, cela ne
vient pas de ce que l'air ſoit plus
denſe dans le clocher que par
tout ailleurs: mais ſeulement de
ce qu'il y eſt plus ébranlé, de
ce que les moindres parties y
ſont plus en mouvement, de ce
que les vibrations excitées dans
l'air y ſont plus fréquentes. De
même ce qui fait qu'au foyer
d'une loupe la lumiere eſt plus
vive, plus denſe ſi l'on veut;

cela ne vient pas de ce que la matiere qui lui sert de vehicule y soit comprimée, & en plus grande quantité, qu'autre part: mais seulement de ce qu'elle y est dans un plus grand mouvement; de ce que les vibrations qui s'y transmettent en même tems y sont plus fréquentes & en plus grand nombre; en un mot, s'il n'est plus permis de dire que la chaleur & la lumiere de même que le son, ne consistent que dans le mouvement: ni que lorsque la chaleur ou la lumiere est plus forte, plus vive dans un lieu que dans un autre, cela ne vient pas uniquement de ce qu'il y a plus ici que là de mouvement dans la matiere qui lui sert de vehicule: mais qu'il faille encore ajoûter que cette matiere y est plus dense, & que c'est de cette densité de matiere que procede

la force ou la denſité de la lumiere ou de la chaleur ; toute la
Phiſique générale eſt renverſée ;
tout ce que Deſcartes a écrit ſur
le feu, ſur la lumiere, ſur le ſon,
& qui lui a acquis une ſi grande
réputation ; tout ce que M. Huygens, le P. Malebranche, &c. y
ont ajoûté depuis, eſt renverſé
de fond en comble ; & les Chimiſtes qui ſont pour cette matiere de feu, prétenduë peſante
& compreſſible, ſans nous pro-
poſer rien qui puiſſe ſupléer à ce
que ces Auteurs célébres nous
ont appris ſur tout ce vaſte objet:
mais ſeulement pour rendre en
apparence raiſon d'un effet particulier, & qui doit néceſſairement procéder de cauſes moins
élevées, anéantiront d'un ſeul
coup le travail de cent années.
Non: quoiqu'en puiſſent dire les
Chimiſtes, dans le Siſtême du
Plein: la matiere qui ſert de ve-

hicule à la chaleur & à la lumiere, n'eſt jamais plus denſe en un
lieu qu'en un autre, & les Chimiſtes qui l'accumulent en idée
dans les pores des corps calcinés
pour les rendre plus peſans, doivent tourner leur vûë d'un autre
côté. Car quand même la lumiere péſeroit, ce qui ne conſte par
aucun endroit, ſa peſanteur devroit être ſi petite en comparaiſon de celle de l'air, & elle ſeroit ſi peu propre à produire un
poids de 5 ou 6 livres dans 20 livres de plomb, que toute la
quantité de cette matiere, com-
priſe dans l'atmoſphere de la
terre, & réünie dans le volume
de ce plomb n'y pourroit ſuffire.
La *matiere ignée*, la matiere de
feu, conſiderée comme un amas
prodigieux de lumiere peſante
condenſée & réduite en un petit
eſpace, que la plûpart des Chimiſtes de ce tems employent pour

expliquer un grand nombre
d'effets les plus délicats, est donc
une pure chimere.

PROPOSITION VI.

*L'augmentation de poids & de vo-
lume que certaines matieres reçoivent dans la calcination, procede de quelques molécules pesantes
contenues dans l'air, qui viennent se joindre à ces matieres.*

I. Le moyen le plus séduisant
que les Chimistes dont nous parlons employent pour constater
l'existence de leur matiere de
feu, est d'alléguer un grand nombre d'expériences qu'ils ont jugé
avoir quelque rapport à cette
cause ; & comme on leur doit
avoir obligation de ces découvertes , ils comptent que pour
récompense de leurs travaux,
on leur passera leur principe.
Mais comme les effets qu'ils nous

décrivent, dépendent certainement de causes plus sensibles
& plus palpables que n'est cette
matiere de feu, dont il paroît
qu'ils se servent de la même façon que les Anciens se servoient
de leurs qualités occultes, qu'ils
en tirent les mêmes commodi-
tés, & qu'il est trop de conséquence pour la Phisique en général, & pour la Chimie en particulier, de n'y pas introduire des
principes imaginaires ; ce qu'il y
a à faire en cette occasion est de
distinguer les expériences des
raisonnemens, de leur avoir
obligation des expériences, & de
discuter leurs raisons.

Je n'entreprendrai pas néanmoins ici d'entrer dans toutes
ces discutions ; je ne dirai pas,
par exemple, que les partisans
de la matiere du feu n'ont point
constaté que cet élément eût une
couleur affectée, qu'il puisse

donner

donner aux matieres expofées à
fon action; quoiqu'il paroiffe que
la flame fe, revête fucceffivement de toutes les couleurs ;
qu'elle nous paroiffe tantôt blanche , tantôt bleuë , tantôt verte,
tantôt jaune, tantôt rouge , &c.
& qu'elle reçoive plutôt ces différentes couleurs des matieres
qui lui fervent de pâture, qu'-
elle ne les fournit à ces matieres ; & que par conféquent la
couleur rouge dont la chaux de
plomb fe revêt dans la calcination n'indique pas plus la préfence de la matiere de feu dans
cette poudre , que fi elle étoit
teinte de verd ou de bleu, ou de
toute autre couleur ; je ne dirai
pas que cette couleur particu-
lière attribuée fans fondement à
la matiere de feu, empêche qu'-
on ne penfe à chercher les
veritables caufes du changement des couleurs dans la cal-

cination. Mais comme la preuve la plus frapante que ces Auteurs alléguent de l'exiftence de la matiere de feu dans les corps calcinés eft l'augmentation de poids qu'on y remarque , je me contenterai de montrer avec évidence que ce poids peut proceder & procéde en effet d'une caufe beaucoup plus fenfible & plus palpable que ne l'eft leur prétenduë condenfation de la lumiere dans les pores des corps calcinés.

Et en effet pourquoi aller chercher fi haut la caufe d'un effet fi fubalterne ? D'où vient qu'abandonnant la maxime fondamentale de la Chimie , qui confifte à n'emplbyer que des principes fenfibles & palpables , on aura plutôt recours dans cette occafion-ci à la condenfation de la lumiere , dans laquelle on n'a jamais éprouvé aucune pefanteur, qu'à l'air groffier qui nous environne & dont la pefanteur eft averée ? L'air touche-t'il moins les matieres que l'on calcine, que le fait la lumiere ? Ne nous adreffons pas même immédiatement à l'air, confiderons feulement que felon les remarques très-détaillées de M. Boerrhave, l'air contient dans fes pores un grand nombre de molécules pefantes ; de l'eau, de l'huile, des fels volatils, &c. A l'égard de l'eau, l'on fçait déja de quelle façon, quelque quantité que ce foit de fel de tartre expofé à l'air, fe charge en fort peu de tems d'un poids égal de molécules d'eau ; cette matiere pefante eft donc contenuë dans les pores de l'air. Mais quelqu'un exigera peut-être que je conftate dans l'air la préfence des molécules de foufre, de fels, &c. La chofe eft-elle fi difficile, & aurons-nous même pour cet effet besoin d'un alembic ? Non, on n'a qu'à se trouver en rase campagne dans un tems d'orage, élever les yeux au ciel pour y voir ce grand nombre d'éclairs qui brillent de toutes parts : ce sont des feux, ce sont des soufres allumés, ce sont des sels volatils ; personne n'en peut disconvenir. Et si dans la moyenne région, dans la région des nuës, l'air se trouve chargé de molécules d'huile, de sel, &c. à plus forte raison en sera-t'il chargé & comme imbibé dans le lieu où nous respirons ; puisque ces matieres pesantes sortant de la terre n'ont pas pû s'élever si haut sans avoir passé par les espaces qui nous séparent des nuës, & sans s'y être arrêtées en plus grande abondance que dans ces régions élevées. D'ailleurs ne voit-on pas avec quelle facilité & à la moindre approche du feu , le vif-argent même qui est une matiere si pesante , se répand dans l'air ; & qui peut douter après cela que l'air ne contienne dans ses pores un très-grand nombre de particules pesantes.

Mais dira-t'on l'huile ne s'évapore point , elle ne se mêle que très-difficilement avec l'air ; n'est-ce pas plutôt là une preuve que l'air en est abondamment fourni , & qu'il n'en peut recevoir dans ses pores plus qu'il n'en a déja reçu ? D'ailleurs l'esprit de vin exposé à l'air , ne s'affoiblit-il pas continuellement , & les molécules de l'huile qu'il contient ne s'y répandent-elles pas sans cesse. Lorsque les molécules de l'huile n'ont pas été dévelopées jusqu'à un certain point , elles sont trop pesantes & trop fortement comprimées l'une contre l'autre par

l'action élastique de la matiere
étherée pour être détachées l'une
de l'autre par l'action diffolvante de l'air ; ainfi l'huile commune
ne s'évapore pas : mais lorfque
par l'action du feu les molécules
de l'huile fe font dévelopées &
détachées l'une de l'autre dans
les pores de l'eau qui les contient , elles fe répandent dans
l'air avec facilité , parce qu'elles
font devenuës beaucoup plus legeres.

Quelle impoffibité y a-t'il donc,
après qu'on a vû que l'air pouvoit facilement fournir 20 livres
d'eau à 20 livres de fel de tartre & qu'il les leur fourniffoit
en effet en peu de tems, le même
air puiffe fournir à 20 livres de
plomb durant tout le tems que
dure la calcination, je ne dis pas
20 livres de molécules d'eau ,
que l'action du feu éloigne &
chaffe des pores de l'air qui en

vironne le vafe dans lequel on
calcine le plomb, mais feulement 5 livres de molécules de
matieres plus denfes, plus pefantes & en même tems plus
fubtiles, qui étoient contenuës
dans les pores de l'air parmi ces
mêmes molécules d'eau ; lefquelles n'étant plus foutenuës
dans ces pores par les molécules
de cette eau, que le feu en a
éloigné, fe dégageront des pores
de l'air par leur propre pefanteur
& viendront fe joindre aux molécules du plomb dont elles aug-
menteront le poids & le volume?
Eft-ce qu'il eft plus difficile de
concevoir que l'air fourniffe à
20 livres de plomb un poids de
5 livres, qu'il l'eft que le
même air fourniffe à une même
quantité de fel de tartre un
poids de 20 livres, c'eft tout le
contraire ; puifque ce poids-ci
eft quadruple du précédent.

On concevra donc enfin diftinctement qu'à mefure qu'on
calcinera 20 livres de plomb,
l'ardeur du feu échauffera l'air
voifin du vafe qui contient la
matiere ; qu'elle en éloignera
toutes les molécules d'eau que
cet air peut contenir dans fes pores, & que les molécules de cet
air étant devenuës plus grandes,
leur vertu diffolvante aura diminué. D'où il fuit que les molécules des autres matieres plus
pefantes qui y font en même
tems contenuës, ceffant d'y être
foutenuës, tomberont fur la fuperficie du plomb. Qu'enfuite ce
volume d'air s'étant promtement
rarefié, & étant devenu plus leger
que celui qui eft au-deffus, montera , & cédera fa place avec la
même viteffe à un nouvel air qui
dépofera de la même façon fur
le plomb les molécules pefantes
qu'il contient ; & ainfi de fuite .

Si bien qu'en fort peu de tems
toutes les parties de l'air contenu dans un grand espace, pourront par cette mécanique simple
& intelligible s'approcher fucceffivement l'une après l'autre
du plomb que l'on calcine, & y
dépofer les molécules pefantes
que cet air contient dans fes
pores.

Pour expliquer cette augmentation de pefanteur qui furvient
aux matieres calcinées, il n'y a
donc, rien qui oblige de remonter jufqu'à la lumiere, jufqu'aux
premiers élémens, rien qui force
à changer leur effence & à ébranler les plus folides fondemens de
la nature; puifque les matieres
que l'on calcine peuvent, dans
cette opération, recevoir plus
facilement de la part de l'air des
molécules pefantes que nous fa-
vons certainement que l'air contient dans fes pores, & qui peu-

vent augmenter leur poids, que
de recevoir ce même poids d'une
prétenduë condenſation de la lumiere dans les pores de ces matieres. Donc, &c. C. Q. F. D.

PROPOSITION VII.

Les particules aëriennes qui vien-
nent ſe joindre aux matieres que
l'on calcine, ſont ce qui contri-
buë le plus à leur calcination.

Car pendant tout le tems que
dure la calcination du plomb,
par exemple, & que les parties
ſulphureuſes contenuës dans les
pores du plomb s'étendront, ſe
déveloperont, acquerront un
grand mouvement circulaire;
Les molécules peſantes dont je
viens de parler dans la Propoſi-
tion précédente, & que l'air luï
fournit, leur ôteront toute leur
fluidité, toute leur tenacité, &
les réduiront en une poudre ſe-

che, qui n'aura plus la propriété
de retenir les molécules du
plomb liées les unes aux autres.
D'où il ſuit que ces molécules
d'huile deſſechées produiront à
l'égard des molécules du plomb
qu'elles environnent, l'effet que
produit la farine dont on enduit
les maſſes de la pâte dont on
fait du pain pour empêcher
qu'elles.ne s'uniſſent.

De ſorte qu'au lieu que les
Chimiſtes ne nous expliquent
l'effet de la calcination qu'en
termes généraux, nous concevons ici diſtinctement que cette
pouſſiere très-fine que l'air fournit au plomb, & qui s'inſinuë
dans ſes pores à meſure qu'on le
bat avec une eſpatule, & dont
les particules n'étant pas adhé-
rentes les unes aux autres, s'attachent facilement à la ſuperficie des molécules du plomb, formeront une eſpece de croûte ſur

les superficies de ces molécules qui les empêchera de se réunir, & qui réduira le plomb à paroître sous la forme d'une poudre impalpable. Par où l'on voit que le feu, ou les rayons de lumiere réunis au foyer d'une louppe, ne fournissent ici qu'un grand mouvement qui désunit les parties du métal, en calcinant les souffres qui les lient entr'elles, & laissent aux particules pesantes, qui viennent des pores de l'air, & qui n'ont pas la même visquosité, la liberté d'environner les molécules du plomb, & de réduire ce métal en poudre.

Et si dans la revification de cette chaux de plomb, il arrive que non seulement elle perde le poids qu'elle avoit acquis, mais qu'on trouve au contraire le plomb qui en renaît encore plus leger que n'étoit celui qu'on avoit d'abord employé ; ne voit-

on pas que cela ne vient que de
ce que les particules pesantes &
subtiles que le plomb a reçu de
l'air durant la calcination , &
qui enveloppant les particules
de ce métal l'avoit réduit en
poudre , & en avoient augmenté le poids & le volume , s'unissant aux molécules onctueuses
du suif que l'on joint à la matiere dans cette opération , ou que
la flame même leur fournit , se
volatilisent de nouveau , & se
répandent dans l'air d'où elles
étoient venuës. De sorte que ce
nouveau plomb destitué de cette
matiere & des souffres grossiers
qu'il a perdu dans l'opération ,
doit peser moins qu'il ne pesoit
avant qu'on l'eût réduit en
chaux. Ce qui arriveroit dans
toutes les matieres que l'on calcine , si le poids des particules
qui s'exhalent durant la calcination , n'excedoit pas quelquefois

le poids de celles qui viennent
s'y joindre.

REMARQUE.

On a éprouvé qu'après avoir
calciné au feu quelque sel que
ce soit, qu'on l'a dépoüillé de
toute son humidité, qu'on l'a
réduit au sec, on pousse le feu
avec encore plus de force ; le
sel se liquéfie, ce qui à mon
avis est un phénomene des plus
difficiles à expliquer dans le Systême commun ; mais dont on
peut rendre ici raison ce me semble, en disant qu'après que le
feu a chassé toute l'eau qui étoit
contenuë dans les pores du sel ;
le sel, si l'on continuë le feu,
reçoit alors de la part de l'air,
comme nous venons de l'expliquer par rapport au plomb, des
molécules d'huile qui entrent
dans les pores du sel avec d'autant plus d'abondance que la cha-

leur eſt plus grande , & qui s'y
inſinuent avec d'autant plus de
facilité qu'ils ſont plus deſtitués
de molécules d'eau. D'où il ſuit
que ces molécules d'huile aërien-
ne , venant à s'agrandir & à circuler avec force , entrainent
dans leurs mouvemens circulaires les molécules du ſel , & rendent par conſéquent le ſel fluide. Mais auſſi-tôt que l'on retire
la matiere de deſſus le feu, & que
ce grand mouvement n'eſt plus
entretenu , il eſt facile de concevoir que le mouvement des petits tourbillons de cette huile
venant auſſi-tôt à diminuer con-
ſiderablement , les molécules de
ſel s'approchent les unes des autres & forment inceſſamment un
corps concret une maſſe ſéche
& friable , dans les pores de laquelle ces molécules d'huile réduites à un très-petit eſpace ,
demeurent engagées , & en augmentent le poids.

PROPOSITION VIII.

Le goût vif & comme brûlant que le sel alkali acquiert par la calcination, ne doit pas être attribué à la matiere de feu, mais à la subtilité & à la solidité des particules de ce sel entrainées par les molécules de la salive.

On a éprouvé que le sel alkali de nitre étant bien seché au feu, excitoit sur la langue un goût si vif & si picquant, qu'on diroit que ce sont des éteincelles de feu que l'on a dans la bouche, & les Chimistes dont je viens de parler n'ont pas manqué d'alleguer cette expérience comme une preuve convaincante de leur opinion sur la matiere de feu. Ils se sont imaginés que durant la longue & violente calcination qu'il faut employer pour réduire ce sel sous une forme seche, ce

sel

sel s'étant chargé d'une grande quantité de particules ignées, qui sortant de ses pores lorsqu'on en mettoit sur la langue y excitoit ce goût brûlant, ces mêmes molécules de feu devroient aussi, selon leur idée, rendre ce sel *rouge*, comme elles donnent, à ce qu'ils disent, cette même couleur au plomb, au vif-argent, &c. Cependant, ce sel bien loin d'être rouge, est au contraire *blanc*; ce qui seul doit ce me semble déconcerter tout leur Sistême, & rendre à ceux qui proposent de nouvelles explications de la production de ces couleurs, une entiere liberté de le faire.

Mais il n'est pas nécessaire pour rendre raison du goût vif & pénétrant qu'on éprouve dans les molécules du sel alkali, d'avoir recours à un moyen si éloigné ; car il suffit, ce me semble, de considerer que le feu ayant dif-

sipé de la matiere d'où procede
le sel alkali, toutes les parties
susceptibles du mouvement qu'il
leur imprime ; il n'est resté au
fond du creuset que celles qui
étoient les plus denses, les plus
dures, les plus pesantes ; & que
le feu ayant détruit toutes les
liaisons que ces parties pouvoient
avoir entr'elles, tous les petits
tourbillons dans lesquels elles
étoient contenuës, ces parties
solides doivent être d'une subtilité qui surpasse comme infiniment celle des molécules des
autres sels, qui comme nous
l'allons bientôt voir, sont composés d'un grand nombre de ces
globules.

Cette idée du sel alkali ne
nous fournit pas, je l'avouë, la
forme que les Chimistes ont imaginé dans les molécules de ce sel,
qu'ils considerent comme de pe-
-tites guaines capables de rece-

voir les pointes des sels acides : mais nous verrons dans la suite avec combien peu de fondement ils ont imaginé cette fabrique misterieuse ; & il doit nous suffire pour le présent que l'idée du sel alkali que nous donnons, soit beaucoup plus simple, plus claire, plus distincte, plus intelligible que celle qu'on nous en a donnée jusqu'à présent.

Or on sçait qu'aucun sel n'agit sur les organes de notre corps, s'il n'est préalablement dissous dans l'eau. D'où il suit que les petits tourbillons de l'eau dont la salive est formée, ne peuvent s'approcher de ces molécules subtiles & raboteuses, qu'aussi-tôt ils ne s'en envelopent, & qu'ils ne les obligent de circuler sur leurs superficies avec une extrême vitesse. Et en faut-il davantage pour nous faire concevoir que des globules

très - durs, très - pesans, & en
même tems d'une petitesse extrême, qui circulent avec une
promptitude comme infinie dans
un nombre prodigieux de petites circonférences, ayent indépendamment de toute autre matiere la faculté d'exciter dans les
fibres de notre langue les ébran-
lemens convenables au sentiment
du goût vif & pénétrant que nous
y éprouvons ; est-il convenable
de rapporter à une matiere étrangere, à la matiere de feu, un effet qui n'est qu'une suite très
naturelle des proprietés simples
& intelligibles qu'on peut attribuer au sel alkali ? Non : le
goût vif & pénétrant de ce sel,
ne vient que de la prodigieuse
subtilité & solidité de ses parties,
animées par le mouvement que
leur communiquent les molécules de l'eau, considerées comme
de petits tourbillons qui circu-

lant avec une grande promti-
tude , entrainent les molécules
de ce fel , & les mettent en état
de faire fur notre langue toute
l'impreſſion que nous y éprouvons.

REMARQUE.

Nous n'entreprendrons pas ici
de rendre raiſon des différentes couleurs que les métaux
reçoivent dans la calcination ,
ou dans la fermentation ; parce
que cette raiſon , pour être en-
tenduë , exige qu'on faſſe attention à un grand nombre d'expériences , que M. Newton nous
a fournies fur ce ſujet ; & que
les Chimiſtes qui ſe ſont efforcés
d'expliquer ces effets ſubtils &
délicats , ont fort peu conſul-
tées. Car s'ils les avoient conſi-
derées avec ſoin , ils auroient
ſenti combien ces effets ſont encore éloignés des notions que

 Des principes que nous pouvons avoir du mécanisme qui régne dans l'Univers, & le peu d'apparence qu'il y a que ces mêmes effets puissent être une suite immédiate des principes sensibles & palpables que les Chimistes employent dans leurs raisonnemens.

Fin de la onziéme Leçon.

LECON XII.

SUITE DU MESME SUJET

OÙ L'ON EXPLIQUE

Les effets produits par la
Distilation, & par la
Fermentation.

PROPOSITION IX.

*L'Ether & l'Air ne font pas moins
des principes qui entrent dans
la structure des Mixtes, que
l'Eau, l'Huile, le Sel, & la
Terre. Et il est nécessaire en
Chimie de se former des idées dis-
tinctes de ces six principes, qui
soient une suite des loix des
Mécaniques.*

ON appelle *Chimie*, l'art de réduire les mixtes en leurs principes ; & de compoſer de nouveaux corps par le moyen de différentes matieres. Et on appelle *Principes chimiques* les matieres les plus ſimples qui entrent dans la compoſition de ces corps.

Or il ſemble que juſqu'à préſent on n'ait regardé la matiere étherée que comme un corps à part ; comme un fluide ſubtil qui agiſſoit bien ſur les particules des mixtes, mais qui n'entroit pas dans leur compoſition. On doit maintenant ſe défaire de ce préjugé ; car on a dû comprendre par tout ce que nous avons dit juſqu'ici qu'il ne falloit regarder un mixte que comme un amas de petits tourbillons de tous les genres, qui a reçu quelque modification particuliere par le mélange des particules de la matiere peſante. De ſorte qu'un

mixte

mixte ne differe principalement
d'un autre mixte que par la diverfité de ce mélange. Ainfi bien
loin d'exclure la matiere étherée du nombre des principes qui
entrent dans la compofition des
mixtes,on doit la regarder plutôt
comme le fondement & la bafe
de tous les mixtes. Pour ce qui
eft de l'air, il ne faut pas s'imaginer qu'il en foit de même d'un
mixte que d'une maifon dont
la ftructure n'a pas fenfiblement
dépendu de l'air qu'elle contient
dans fes chambres & fes différens
compartimens, puifqu'à l'égard
du mixte, c'eft l'éther & fouvent
l'air, qui les a formés, qui les
conferve, qui les foutient, qui
les change, qui les varie & qui
en fait, pour ainfi dire, le corps
& l'ame. Bien loin donc d'exclure ces deux principes de la compofition des mixtes, ce font les
matieres qu'il faut toujours prin-

cipalement y confiderer.

On dira peut-être que ces êtres
ne font pas fenfibles, démonftratifs ; & qu'ils ne doivent pas
par conféquent être admis au
nombre des principes chimiques. Erreur groffiere ; car l'huile principe, le fel principe, &c.
Selon les Chimiftes même les
plus exacts & les plus profonds,
ne font pas plus démonftratifs
que l'air que la matiere étherée, peut-être même font-ils encore moins connus. Ils fe revêtent, dira-t'on, d'un corps fenfible. Ce n'eft donc que par ce
moyen que ces principes avoüés
frappent nos fens : mais eft-ce
que l'air & l'éther ne fe revêtent
pas égalemeut de corps fenfibles?
Le corps fenfible dont ils fe revêtent eft le mixte même tout
entier, & chacune des fubftan-
ces qu'on en tire qui ne different
de celles que l'on tire d'un autre

mixte que parce que l'éther &
l'air s'en font differemment re-
vêtus. Ne nous arrêtons donc pas
davantage à difcourir fur ce
point, appliquons-nous plutôt à
nous former des idées bien net-
tes & bien précifes de ce que
nous appellerons en Chimie
Ether, Air, Eau, Huile, Sel, &
Terre.

I. A proprement parler, il n'y
a dans la nature que deux principes l'un *actif* & l'autre *paffif*;
l'Ether & la Terre. Nous avons
déja donné plufieurs fois la defcription de l'Ether, mais il eft
bon ici de fe la rapeller. Nous
avons dit que l'Ether étoit un
milieu d'une étenduë immenfe,
compofé de petits tourbillons de
differens ordres, emboëtés les
uns dans les autres, & que cette
conftruction rendoit l'Ether *fluide*, *élaftique* & *leger* ou deftitué
de toute pefanteur. Qu'on pou-

voit diftinguer dans l'Ether autant de differens milieux fluides,
élaftiques & legers, auffi étendus
l'un que l'autre, qu'il y avoit
dans l'éther de différens ordres
de petits tourbillons. Qu'à
commencer par le milieu, dont
les petits tourbillons qui le compofent étoient les plus grands,
les molecules du premier étoient
incomparablement plus grandes,
& leur élafticité incomparablement moindre que n'étoient celles du fecond ; & celles du fecond que n'étoient celles du 3e,
& ainfi de fuite. Qu'enfin tous
ces differens milieux, quoique
renfermés dans un même efpace,
formés d'une même matiere, ne
fe confondoient pas dans leur action;& que leurs forces élaftiques
pouvoient agir conjointement ou
féparément fur les corps fenfibles, felon que les pores de ces
corps étoient plus ou moins
grands.

Pour nous former une idée sensible de ce dernier effet de l'é-
ther, qui est important, ayons
encore une fois recours à un
grand bassin plein d'eau, dont
on suppose que les molécules sont
des tourbillons insensibles. N'est-
il pas évident que si l'on plonge
dans cette eau un corps com-
pressible dont les pores soient trop
étroits pour donner passage aux
molécules de l'eau, l'eau étant
composée de petits tourbillons
qui forment un milieu élastique,
comprimera nécessairement ce
corps & l'obligera d'occuper un
moindre espace ? Qu'ensuite si
l'on excite avec de petits bâtons
des tourbillons dans ce bassin,
ces tourbillons sensibles d'eau
formeront un second milieu élastique dans le premier, qui aide-
ra à comprimer le même corps ?
Mais que si dans ce milieu ainsi
disposé on y plonge un autre

corps dont les pores de la fuperficie foient affez grands pour laiffer paffer les molécules de l'eau ;
alors ces molécules de l'eau qui
compofent le premier milieu , &
dont la force élaftique eft incomparablement plus grande que
n'eft celle des tourbillons fenfibles d'eau excités avec des bâtons,
ne comprimeront pas ce corps ;
& qu'il ne fera comprimé que par
le milieu formé des tourbillons
fenfibles d'eau , dont l'élafticité
eft incomparablement moindre.
Nous comprendrons donc par là
comment différens milieux élaftiques de l'éther emboités , pour
ainfi dire , les uns dans les autres , & contenus dans un même
efpace , pourront comprimer un
corps conjointement ou féparément , fuivant la grandeur des
pores de ce corps par rapport aux
molécules qui compofent ces différens milieux ; & que plus il y

aura de différens milieux élastiques qui comprimeront un corps,
plus ce corps fera dur ou vif-
queux, plus il fera difficile d'en
féparer les parties.

I I. Nous avons fait remarquer que durant la formation
du globe de la Terre au centre
de fon grand tourbillon, il s'é-
toit auffi formé aux centres d'un
grand nombre de petits tourbillons de tous les ordres, que ce
grand tourbillon contenoit, de
petits globes durs & pefans ; ce
qui avoit été caufe que ces petits
tourbillons chargés de ce poids ,
s'étoient détachés de la matiere
étherée & avoient formés dans
l'intérieur du globe de la Terre
& fur fa fuperficie , différens fé-
dimens ; Et que la matiere dont
ces petits globes durs étoient formés étant deftituée de tout mouvement circulaire, n'étoit ni fluide par elle-même , ni élaftique,

ni legere : mais plutôt pesante denſe, & ſans action qui lui fût propre ; & c'eſt cette matiere que nous appellerons en Chimie, *Terre*.

III. Que le ſédiment formé des petits tourbillons du premier ordre devenus peſans, & que l'on pouvoit conſiderer auprès de la ſuperficie de la Terre, à cauſe des particules hétherogenes dont ils étoient chargés, comme un amas de petits tourbillons du premier ordre compoſés d'autres petits tourbillons du ſecond ordre qui avoient chacun un globe peſant à leurs centres, & qui balançoient, ou faiſoient équilibre avec les tourbillons du premier ordre de l'éther, dont tout l'Univers étoit rempli, étoit l'*Air*.

IV. Que le ſédiment compoſé des petits tourbillons du ſecond ordre, qu'on nomme communément ſecond élément, de-

venus pesans, & qui s'étant détachés des tourbillons du premier
ordre avoient formé un milieu à
part beaucoup plus pesant, plus
dense & plus subtil que le précédent, & dont les molécules
étoient des petits tourbillons du
second ordre, composés d'autres petits tourbillons du troisiéme ordre qui avoient chacun un
globule pesant à leurs centres,
& qui ne balançoient pas, ou ne
faisoient pas équilibre avec les
tourbillons du premier ordre,
mais seulement avec les tourbillons du second ordre de l'éther,
ou du second élément, dont tout
l'univers étoit rempli, étoit
l'*Eau*,

V. Que le sédiment formé des
petits tourbillons du troisiéme
ordre (qu'on nomme communément premier élément) devenus
pesans, & qui s'étant détachés des
tourbillons du premier & du se-

second ordre, avoient formés un milieu à part beaucoup plus subtil que le précédent, & dont les molécules étoient des petits tourbillons du troisiéme ordre composés d'autres petits tourbillons d'un quatriéme ordre qui avoient chacun un globe pesant à leur centre, & qui ne se balançoient pas, ou ne faisoient pas équilibre avec les tourbillons ni du premier, ni du second ordre : mais seulement avec les petits tourbillons du troisiéme ordre ou du premier élément dont tout l'univers étoit rempli, étoit l'*Huile*.

Or ce qu'il faut ici bien remarquer est que les molécules de l'huile, quoi qu'incomparablement plus petites & plus élastiques que les molécules de l'eau, peuvent être de plusieurs ordres, les unes incomparablement plus petites & plus élastiques que les autres, lesquelles balanceront

leurs forces centrifuges avec autant de differens milieux com-
primans que nous en pouvons
concevoir dans l'éther.

VI. Qu'enfin parmi les molécules de l'huile il pouvoit y en
avoir quelques-unes qui s'étant
chargées dans les entrailles de la
Terre de particules terreuses,
beaucoup plus denses & plus pesantes qu'à l'ordinaire ; étant par
là suffisamment distinguées des
molécules de l'huile, compo-
foient les *sels acides.* Et qu'à l'é-
gard des *sels alkalis*, ce n'étoit autre chose qu'une terre extrêmement divisée.

REMARQUE.

On pourra d'abord être surpris de l'architecture fine & déli-
cate que nous attribuons ici aux
élémens chimiques ; mais si l'on
a eu soin de considerer attenti-
vement les effets dont il est ques-

tion de rendre raifon dans cet art,
on ceffera auffi - tôt de s'en étonner. Sur-tout fi l'on remarque
qu'au fond il ne s'agit ici que de
tranfporter du grand au petit un
mécanifme que nous fommes
comme forcés d'admettre dans
le tourbillon folaire.

Et en effet ai-je propofé autre
chofe dans la ftructure de ces élémens que ce que nos yeux voyent
à découvert dans le fiftême de Jupiter & de Saturne ? N'a-t'on pas
déja introduit en Chimie la mécanique des coins, des leviers ?
n'a-t'on pas imaginé des pointes,
des guaines ? pourquoi ne pour-
rons-nous pas avoir auffi le droit
d'y tranfporter un mécanifme
certain démontré par l'expérience du ciel , & qui nous a déja
fervi à réfoudre un grand nombre
de difficultés infolubles par tout
autre moyen.

D'ailleurs , dequoi eft - il ici

queſtion ? de quelques mouvemens circulaires de petits corps
autour d'un centre, & d'une ſtructure par tout uniforme. Car tous
nos élémens ſe reſſemblent, ils
ne différent entr'eux que du petit au grand ; la ſtructure des molécules de l'air que nous propoſons, eſt parfaitement ſemblable
à celle des molécules de l'eau de
l'huile & du ſel. Toutes ces molécules ne ſont en général que
des petits tourbillons compoſés d'au-
tres petits tourbillons, qui ont à leur
centre un globule dur & peſant. Et
toute la différence qu'il y a dans
ces molécules eſt que celles de
l'air ſont incomparablement plus
grandes que celles de l'eau ; celles
de l'eau incomparablement plus
grandes que celles de l'huile & du
ſel ; & que celles de l'huile ne
different de celles du ſel qu'en
ce que les maſſes dures qu'elles
entrainent par leurs mouve-

mens circulaires font beaucoup moins denfes & moins pefantes que ne font celles que les molécules de fel entrainent.

Dans ce mécanifme tout y eft clair & intelligible ; ce n'eft point une fuppofition purement arbitraire ; ce mécanifme eft déduit auffi exactement qu'on peut le fouhaiter des loix les plus certaines du mouvement ; de forte qu'il peut bien être plus compofé que je ne l'ai décrit : mais je doute qu'il puiffe être plus fimple. Ce mécanifme eft rendu fenfible & comme démontré aux yeux dans les mouvemens celeftes, & la matiere étant divifible à l'infini , on ne peut refufer d'accorder aux petits tourbillons les mêmes attributs que l'on voit exifter dans les grands.

Dira-t'on que le mouvement circulaire qui eft démontré perpetuel dans les grands tourbillons, ne doit pas l'être dans les petits, à cauſe du nombre prodigieux des frottemens qui s'y rencontrent? Je conviens que ſi les petits tourbillons élémentaires dont nous parlons, ne devoient pas, en vertu du mécaniſme que nous avons établi, recevoir ſans ceſſe du mouvement des petits tourbillons de l'éther qui rempliſſent tout l'univers, & qui contiennent en eux-mêmes une quantité de mouvement inépuiſable ; ce mouvement circulaire pourroit ceſſer bientôt dans ces petits tourbillons. Mais comme auſſitôt que ce mouvement diminuë, ils en reçoivent de ceux de la même eſpece, qui compoſent la matiere étherée avec leſquels ils font équilibre ; la ceſſation entiere du mouvement dans ces petits tourbillons, n'eſt nullement à craindre, tant qu'ils conſerveront quelque relation

avec ceux du milieu d'où ils font
fortis , & que leur force élaftique
ne fera pas accablée par celle du
milieu comprimant qui les environne.

PROPOSITION X.

*Sans parler de la matiere Etherée,
l'Air, l'Eau, l'Huile, le Vif-
argent, les Sels acides; & généralement toutes les liqueurs, peuvent être confiderées comme des
principes actifs par eux - mêmes.
La Terre & les Alkalis , comme
des principes paffifs.*

Les Chimiftes fe font beaucoup
mis en peine de déterminer quels
des principes, qu'ils reconnoiffent
dans leur art , étoient *actifs*, &
quels étoient *paffifs*. Mais par
les fauffes idées qu'ils s'étoient
formés de ces principes , on voit
bien que ce qu'ils ont pû déterminer fur ce point ne doit être

que

que très confus. C'est pourquoi
sans nous trop arrêter à tout ce
qu'ils en ont pû dire , nous re-
marquerons d'abord , que quoi
qu'à proprement parler il n'y ait
dans la nature , comme nous l'a-
vons déja dit, que deux principes,
l'un actif & l'autre passif, l'*éther* &
la *terre* ; cette division des principes
est trop générale pour la Chi-
mie. Car on a coutume dans cet
art de regarder comme *actif* un
principe qui contient en luimême
un mouvement propre & distin-
gué de celui des autres principes ,
qui le rend capable de dissoudre
les matieres exposées à son action ;
Et qu'on doit regarder comme un
principe *passif* celui dans qui ce
mouvement manque , quoique
capable de le recevoir d'ailleurs.

D'où il suit que , selon cette
idée, l'éther, l'air, l'eau, l'huile,
les sels acides, le vif-argent, & généralement toutes les liqueurs

telles que nous les avons décrites, font des principes actifs, & qu'il n'y a que ce que les Chimistes appellent terre & alkali, qui foient des principes paffifs.

Mais il faut auffi remarquer que le mouvement feul ne fuffit pas pour rendre un principe actif, comme l'action des molécules de l'eau d'une riviere, ne fuffit pas pour ébranler les arches d'un pont & l'emporter dans fon courant ; qu'il faut pour cet effet que le courant entraine avec lui des poutres des monceaux de glace & autres corps folides qui n'ont pas de mouvement par eux-mêmes.

D'où il fuit qu'un principe fera d'autant plus actif que le mouvement propre de fes molécules fera plus prompt, & que les particules dures que ce mouvement entraine feront plus denfes, plus pefantes. Et qu'un principe fera

d'autant plus paſſif, que la matiere qui le forme ſera plus dure,
ou qu'elle apportera plus d'obſ-
tacle à ſa diviſion.

Suivant cette diſtinction claire & intelligible, nous dirons,

1°. Que l'éther tout pur,
quoique compoſé d'un amas de
petits tourbillons de tous les genres ne doit pas, à proprement
parler, être conſideré comme
un diſſolvant parfait, à cauſe que
ſes petits tourbillons n'étant
compoſés d'aucune matiere dure,
& ne contenant aucune particule
peſante, leur mouvement circulaire ne peut rien produire, immediatement ſur les corps ſenſibles, dont les particules ſont peſantes.

2°. Que l'Air conſideré comme un amas de petits tourbillons
du troiſiéme élément qui entrainent par leurs mouvemens circulaires un grand nombre de par-

ticules pefantes, doit être confideré comme un vrai principe actif. Car quoique les petits tourbillons qui le forment ne different pas de ceux de la matiere
étherée, cela n'empêche pas que
ce mouvement ne leur foit propre, & qu'ilne procure à l'air fa di-
latabilité, fa compreffibilité, fon
reffort, fa vertu diffolvante, &c.

Et en effet, quoique les petits
tourbillons de l'air foient les
plus grands que nous ayons confiderés, & dont par conféquent
la force centrifuge foit beaucoup
moindre que celle de ceux qui forment les autres fluides; l'air étant
compofé de quelques molécules
pefantes, fera néanmoins capable de diffoudre, ou d'entrainer
dans fes pores les molécules de
l'eau & celles de l'huile lorfqu'-
elles fe feront fuffifamment développées, & qu'elles auront par-
là perdu beaucoup de leur poids

& de leur adherence , produite par la compreſſion du premier élément qui les tient fortement attachées les unes aux autres, tant qu'elles n'ont pas acquis par la chaleur aſſez de force centrifuge pour balancer cet effort.

3°. Que l'Eau dont le mouvement circulaire de ſes moindres parties eſt diſtingué de celui de l'air & de l'éther même , d'où elles ſe ſont détachées , doît être regardé comme un principe actif, & comme un diſſolvant beaucoup plus puiſſant que n'eſt l'air; puiſque les molécules de l'eau ſont des petits tourbillons du ſecond élément dont la force centrifuge eſt incomparablement plus grande que n'eſt celle des molécules de l'air ; & quoiqu'elle n'ait pas la force de décompoſer les ſels , ni de diſſoudre tous les métaux à cauſe que les molécules pefantes que les petits tourbillons dont elle eft formée entraînent, ne font que d'une denfité médiocre ; elle aura néanmoins celle de diffoudre les fels, de les divifer & d'entrainer leurs moindres parties dans fes pores. Et quoique, de l'aveu des Chimiftes, l'eau ne foit pas un compofé de pointes dures & infléxibles, elle ne laiffera pas néanmoins de diffoudre le fer & de fermenter avec ce métal de la même façon que les acides diffolvent & fermentent avec l'or, l'argent & le cuivre.

4°. Le vinaigre & les autres liqueurs acides que l'on tire des vegetaux, font des diffolvans plus puiffans que n'eft l'eau, à caufe que les petits tourbillons dont ces liqueurs font compofées, contiennent des particules dures plus denfes, plus pefantes & plus fubtiles que celles qui font con-

tenuës dans les molécules de
l'eau.

5°. Mais les acides que l'on extrait des mineraux & que l'on réduit à trois : sçavoir, l'acide du nitre, l'acide du vitriol, l'acide du sel marin, sont des dissolvans dont la force est bien plus grande ; à cause que les petits tourbillons dont ces liqueurs sont composées, contiennent des particules dures encore plus denses & plus pesantes.

6°. Enfin l'esprit de vin, & generalement toutes les huiles, dont les molécules sont des tourbillons extrêmement petits, sont aussi dans des circonstances particulieres, des dissolvans très-puissans. Et le vif-argent qui s'amalgame avec plusieurs autres métaux, est un vrai dissolvant de ces matieres ; car qu'est-ce autre chose que l'amalgame du vif-argent avec l'or, sinon une

vraie diſſolution de l'or par le vif-
argent qui ne peut ſoutenir d'or
que le tiers ou le quart de ſon
poids, comme l'eau ne peut
diſſoudre de ſel que le tiers ou
le quart de ſon poids.

Tels ſont enfin les élémens que
nous jugeons convenables à la
Chimie ; & il ne reſte plus
maintenant qu'à voir de quelle
façon ils agiſſent dans les diver-
ſes opérations dont il nous reſte
encore à parler.

PROPOSITION XI.

Les effets qui s'obſervent dans la
diſtilation, ne ſont qu'une ſuite
mécanique de la conſtruction que
nous venons d'attribuer aux prin-
ſipes de la Chimie.

Les Chimiſtes ont coutume
de dire que la chaleur du feu eſt
le principe actif, qui dans la diſ-
tilation ſépare les differentes parties

ties contenuës dans le mixte dont on entreprend de faire l'analife: mais il me femble que jufqu'à préfent ils ne nous ont donné qu'une idée très-confufe de ce qu'ils ont appellé *chaleur.* La plûpart nous ont décrit cette caufe comme une qualité inherente à de certains petits êtres, qu'ils ont appellé corpufcules *ignés*, aufquels ils ont attribué une figure particuliere, fans dire quelle, une couleur propre, & un très-grand mouvement que ces corps ne perdoient jamais, fans dire pourquoi, & qui les rendoient capables de produire un grand nombre d'effets très-remarquables, fans dire comment; ce qui à mon avis n'eft autre chofe qu'une exacte defcription d'une bonne *qualité occulte.*

Pour nous, nous avons expliqué mécaniquement (Pr. 1. 9.) en quoi la chaleur du feu con-

T

fiftoit uniquement ; nous avons décrit l'élément qui en étoit l'origine ; nous avons dit que c'étoit un amas de tourbillons incomparablement plus petits que ceux de la matiere étherée ; lefquels font à leur tour incomparablement plus petits que ceux de l'air. Puis nous avons fait concevoir comment ces trois milieux, ces trois élémens, pouvoient chacun remplir exactement tout l'univers fans fe confondre ; comment ils pouvoient conferver tout le mouvement qu'ils avoient originairement reçu, comment le premier de ces milieux pouvoit être l'origine & le vehicule de la chaleur, le fecond le vehicule de la lumiere, le troifiéme le vehicule du fon.

2°. Nous avons fait voir que l'huile principe ne pouvoit être qu'un amas de petits tourbillons

du premier élément, qui étant
devenus pesans & s'étant détachés des autres particules de la
matiere, avoient composé dans
les régions voisines de la superficie de la Terre, une espece de
sédiment, un milieu dont les
molécules balançoient avec celles du premier élément ; nous
avons montré que l'eau étoit un
second sédiment, dont les molécules balançoient avec celles du
second élément ; & que l'air étoit
un troisiéme sédiment, dont les
molécules balançoient avec celles du troisiéme élément ; & nous
avons montré comment les molécules de l'huile pouvoient occuper les pores de l'eau, & les molécules de l'eau les pores de l'air ;
& qu'enfin les molécules de
l'huile venant à recevoir par de
certaines causes, que nous avons
souvent décrites, une augmentation de mouvement, excitoient

nécessairement en s'agrandissant
& se déprimant alternativement,
des vibrations dans le premier
élément qui étant transmises &
portées tout autour dans ce milieu , pouvoient fort bien être
prises pour ce que nous appel-
lons *chaleur*.

On conçoit donc maintenant
avec distinction & précision ,
comment le feu du fourneau *A A*
(fig. 56.) peut communiquer aux
matieres qui font renfermées
dans la cornuë *EF* , & à l'air
qu'elle contient, un mouvement
extraordinaire. Comment les
molécules de l'air qui font de petits tourbillons du troisiéme élément , & qui s'agrandissent prodigieusement à la moindre chaleur, ne pouvant le faire dans la
cornuë qui les retient , emploiront ce mouvement à circuler
avec une plus grande vitesse qu'à
l'ordinaire ; ce qui augmentera

confiderablement la vertu diffolvante de l'air, qui ne confifte que
dans ce mouvement. Comment
les molécules de l'eau contenuës
dans le mixte qui ne font que
du fecond élément , feront les
premieres à recevoir l'action de
cette vertu diffolvante de l'air ,
qui les entrainera dans fes pores
où elles s'agrandiront , & les fera
paffer du fond de la cornuë *E*
dans le récipient *G* ; où trouvant
un air plus temperé qui ne peut
plus les foutenir , les laiffera
tomber au fond de ce vafe , après
avoir repris leur volume ordinaire par la perte qu'ils auront
faite de leur mouvement extraordinaire dans les pores d'un air
moins agité. Comment les molecules de l'huile , qui environnent encore un grand nombre
de molécules de l'eau , & qui par
là rendent ces molécules de l'eau
plus pefantes que les premieres ,

ne monteront du fond *E* de la
cornuë dans les pores de l'air
qu'elle contient, qu'à l'aide d'un
plus grand degré de chaleur ou
de mouvement excité dans ce
même air par un feu plus violent. Et comment enfin les molécules de sel qui sont encore
plus pesantes que celles de l'huile
ne monteront que les dernieres;
laissant au fond de la cornuë les
molécules de sel & de terre qui
n'auront pû être divisées par cet
agent, par cet air circulant,
dont la force ne peut être augmentée que jusqu'à un certain
point, à cause qu'il n'est composé que de molécules du troisiéme élément, dont la force élastique produite par le mouvement
circulaire de sesparties, quoique
considerablement augmentée,
demeure toujours incomparablement moindre que celle du
second élément.

Le feul point qui paroît encore mériter quelque attention dans la diftilation, eft la raifon pourquoi lorfqu'on commence à faire l'analife d'un mixte, l'eau monte la premiere ; & qu'il faut augmenter le feu pour que l'huile, ou ce qu'on nomme l'*efprit*, monte enfuite. Qu'au contraire lorfqu'on remet l'eau & l'efprit mêlés enfemble dans l'alembic, pour féparer ces matieres l'une de l'autre, l'efprit monte le premier, & l'eau refte au fond.

Par exemple, pourquoi dans la diftilation du vin décrite (pag. 24.) il ne tombe d'abord que de l'eau dans le récipient *O* (fig. 58), puis une eau chargée d'efprit. Qu'enfuite lorfqu'on remet toute la liqueur diftilée dans l'alembic, ce n'eft plus l'eau qui monte la premiere, c'eft l'efprit de vin, & l'eau refte au fond du màtras.

T iiij

Mais on ne fera pas furpris de la difference de ces effets, fi l'on confidere que les molécules de l'huile, lorfqu'elles font contenuës dans le mixte, y font trèscondenfées; qu'elles n'occupent chacune qu'un très-petit efpace; ce qui les rend trop pefantes pour être auffi-tôt enlevées par la vertu diffolvante de l'air; car cela fuffit pour comprendre pourquoi dans cette rencontre l'eau monte la premiere. Mais lorfqu'à l'aide d'un plus grand degré de chaleur ces molécules de l'huile font enfin enlevées dans les pores de l'air, elles s'y étendront, elles y occuperont un plus grand volume, parce que leurs mouvemens circulaires y rencontrent un milieu qui leur fait moins de réfiftance que celui où elles étoient dans les pores du mixte; elles y deviennent donc beaucoup plus legeres.

D'où il suit que conservant ce degré de legereté dans les pores de la liqueur diſtilée, lorſqu'on la remet de nouveau dans l'alembic ; c'eſt l'eſprit de vin , ou cette huile extrémement rarefiée qui doit monter la premiere : ainſi que l'expérience le confirme.

PROPOSITION XII.

Les effets de la Fermentation ſont auſſi une ſuite mécanique de la conſtruction que nous venons d'attribuer aux principes de la Chimie.

Je ſuppoſe ici, pour abreger & pour rendre le Lecteur attentif au point dont il s'agit , qu'on a bien compris tout ce que nous avons expliqué dans les Leçons précédentes , & que les Journeaux de Trevoux du mois de Novembre 1734. & Septembre 1736. ont rendu ſi ſenſible, qu'

on ne peut rien ajoûter à l'élé-
gance , à la précision & à la netteté qu'ils ont répanduë fur toute
cette matiere.

Pour rendre le tout plus
fenfible , je l'appliquerai à un
exemple.

I. Si, comme nous avons déja
dit (pag. 3 1) l'on fait diffoudre
une once de fel alkali de tartre
dans trois onces d'eau , & que
lorfque les petits tourbillons de
cette eau fe feront enveloppés
des molécules du fel de tartre,
entremêlées des molécules d'huile , l'on verfe goute à goute de
l'efprit de fel dans cette diffolution.

1°. Il eft d'abord évident que
les molécules de cette liqueur
fubtile de cet efprit de fel, qui
font des petits tourbillons du premier élément , ne pouvant atteindre à la fuperficie des molécules de l'eau , à caufe qu'elles

font environnées de celles du sel
de tartre , entraineront facilement par leur mouvement circulaire beaucoup plus prompt
& plus puissant que n'est celui
de l'eau , toute cette poussiere alkaline qui environnoit les molécules de l'eau ; & s'en chargeront jusqu'à un tel excès , après
l'avoir extrémement broyée &
subtilisée, que cette poudre très-
fine, mêlée & comme pétrie avec
les molécules de l'huile que le
sel alkali contient toujours dans
ses pores , pourra enfin former
sur la superficie des petits tourbillons du sel acide , une croûte
ou pellicule dure ; & transformer chacun de ces petits tourbillons , dont l'esprit de sel est
composé , en autant de molécules solides ; sans néanmoins que
ces petits tourbillons cessent de
circuler sous ces enveloppes dures ; lesquelles se joignant les

unes aux autres dans les pores de l'eau, lorsque le volume de cette eau viendra à diminuer par l'ébullition, composeront enfin le *sel marin régeneré*, qui dans la cristallisation se précipite au fond du vase.

2°. Durant cette opération il est clair qu'un grand nombre de molécules subtiles de l'huile contenuës dans les pores du sel alkali lorsqu'il étoit sec, & qui se font introduites dans les pores de l'eau lors de la dissolution de ce sel dans l'eau, venant à recevoir des secousses fréquentes par l'introduction des acides du sel marin dans la liqueur ; ces molécules de l'huile, dis-je, qui (Pr. 1. 9) font l'intermede par lequel le mouvement du premier élément, de l'élément du feu, se communique aux autres parties plus grossieres de la matiere, ne manqueront pas d'exciter des vi-

brations dansl'éther, d'échauffer
par conféquent tout le mélange,
& de produire mécaniquement
cette effervefcence que nous y
éprouvons.

3°. De plus ces mêmes molécules de l'huile , celles au moins
qui fe feront le plus développées
dans l'opération précédente , &
qui feront tout près de rompre
l'équilibre avec les molécules du
premier élément de l'éther, continuant toujours à être fecoüées
par l'action violente des acides
du fel marin , ne pourront en
même tems manquer de rompre
cet équilibre , de devenir tourbillons du fecond & du troifiéme
élément, de fe transformer en
air, & de produire enfin l'ébullition & les vapeurs qui fortent de
la liqueur durant tout le tems
que durera la régénération du fel
marin.

4°. De forte que les molécules

de ce sel ne seront autre chose que des acides, c'est-à-dire, des petits tourbillons enveloppés d'une couche sphérique composée de molécules dures & solides de sel alkali, entremêlées de molécules d'huile très - fines , qui n'auront pas eu le tems de se développer. Car le développement des molécules de l'huile dans les pores de l'eau pour se transformer en air , ne peut se faire que successivement. D'où il suit que toutes ces differentes molécules d'huile & d'alkali, formeront enfin une croûte autour de chacun des petits tourbillons acides, dont la consistance sera à l'épreuve de l'action même du feu le plus violent ; à cause que l'adhérence des parties de cette croûte les unes aux autres, procedera de la compression produite par le plus grand degré de la force élastique des molécules du premier élément qui eſt la plus grande qui ſoit dans la matiere.

Voilà donc déja tous les principaux effets de la fermentation, l'effervefcence, l'ébullition, la concrétion, la précipitation, expliqués mécaniquement & d'une maniere intelligible par des principes clairs qui n'ont pas été introduits à deſſein pour ce ſeul effet; mais par lefquels nous avons déja expliqué les phénomenes celeſtes les plus importans, & les effets les plus généraux de la nature.

II. Maintenant ſi, comme on l'a dit (pag. 51) l'on met dans une cornuë *E* (fig. 56) trois parties de ſel marin & une partie d'huile de vitriol, qui eſt un acide très-puiſſant, c'eſt-à-dire, un amas de petits tourbillons, dont les globules durs qu'ils entrainent en circulant, ſont métalliques ; on ne ſera pas ſurpris que

ces acides qui font comme tout
autant de petites roüës à dents
qui tournent fans cefle avec une
très-grande vitefle, minent & dé-
chirent bientôt les enveloppes
fous lefquelles circulent les acides du fel marin, ni que ces acides du fel marin réduits à un petit volume dans ces capfules, &
dont la force centrifuge doit être
extrême, au moment que leurs
prifons auront été rompuës par
l'action des acides du vitriol, ne
s'échapent, avec toute la vivacité
que l'on remarque, dans les pores de l'air que contient le récipient ; & qu'ils ne s'y étendent
avec une extrême force ; à caufe
de la folidité des particules dont
elles font compofées& de la façon
que nous l'avons expliqué à l'é-
gard des molécules de l'huile
contenuës dans les pores de l'eau,
& qui fe transforment en air
dans la machine du vuide par

l'exercice

l'exercice de la pompe. Et en effet lorſque des petits tourbillons qui ſont chargés de molécules peſantes, & qui conſervent leurs mouvemens beaucoup plus long-tems que les autres, ont une fois entierement rompu l'équilibre avec les petits tourbillons du milieu élaſtique qui les retient, il n'y a ſouvent plus de barriere dans la nature qui ſoit capable d'empêcher qu'ils ne s'étendent toujours de plus en plus. La même choſe arrivera ſi , comme nous l'avons décrit (pag. 30) on emploie l'argile dans cette opération ; car la Chimie apprend que l'argile contient beaucoup d'acides vitrioliques, qui produiront ici le même effet qu'auparavant.

III. Mais durant ce tumulte les acides de vitriol beaucoup plus peſans que ceux de ſel , & qui pour n'avoir pas été renfermés dans des capſules ont toute

l'étenduë qui leur convient, &
ont déja employé une partie de
leur force à rompre les prisons
qui captivent les acides du sel
marin; ces acides de vitriol, dis-je,
étant moins disposés à s'envo-
ler, emploiront le reste de leur
force à s'emparer en circulant
des dépoüilles que les fuyards auront abandonnées; & s'en revê-
tiront, si bien qu'ils formeront
enfin un nouveau sel, le *sel de
Glauber*, autrefois si rare, &
qu'aujourd'hui on rencontre
par tout.

Or le fracas de tant de petites
prisons n'ayant pû se faire sans
que les molécules métalliquesque
les acides du vitriol ont divisées,
& que les parties alkalines que les
acides du sel marin ont abandonnées, ne se soient extrêmement
attenuées; il ne resultera du mélange de toutes ces matieres infiniment pulverisées & entremê-

lées de beaucoup de molécules
d'huile très-fines qui s'y joindront, qu'une espece de pâte
très-souple & très-ductile, qui
pourra s'étendre continuëment
& sans se diviser sur un grand
nombre de molécules d'eau qui
tendront à l'entrainer autour de
leurs superficies par leurs mouvemens circulaires. De sorte
qu'une certaine dose de ce sel
jetté dans trois fois autant d'eau,
sera capable de lui donner une
consistance de glace. Mais une
plus grande quantité d'eau
amincira si fort ces enveloppes,
qu'à la fin elles seront réduites
en poudre, & on ne pourra réü-
nir toutes leurs parties dispersées
dans toute cette quantité d'eau,
qu'en la réduisant par l'évaporation à un moindre volume ;
après quoi ce sel se cristallisera
comme un sel ordinaire, entrainant néanmoins avec lui la dose

de l'eau qui lui est convenable; ce qui sera cause qu'il perdra par la calcination les deux tiers de son volume.

REMARQUE.

Il seroit superflu d'entrer ici dans le détail de toutes les circonstances qui se rencontrent dans les différentes fermentations, pour faire concevoir comment dans la supposition que les molécules de ce que les Chimistes nomme Terre & Alkali, ne sont que des molécules dures plus ou moins grandes, plus ou moins denses, plus ou moins pesantes, plus ou moins polies les unes que les autres, entremêlées de molécules d'huile de differentes grandeurs qui remplissent les pores que ces globules laissent entr'eux ; & que l'Ether, l'Air, l'Eau, l'Huile, & les acides, sont des amas de petits

tourbillons dé divers genres , qui
par leurs mouvemens circulaires entrainent & féparent les
unes des autres ces particules
terreufes & alkalines en plus
grande ou en moindre quantité,
on peut rendre raifon de toutes
les fingularités que l'on remarque dans ces effets.

Mais je ferai encore remarquer
ici combien les moyens dont les
Chimiftes fe fervent pour rendre
raifon des effets qu'ils obfervent
dans leurs opérations font peu
propres à nous fournir une idée
convenable de ce qui arrive
lorfqu'on verfe de l'eau fur la
chaux. L'effervefcence & l'ébullition qui s'y excitent à l'inftant
eft certainement une preu-
ve évidente qu'il ne manque
rien d'effentiel à ce fluide pour
être admis au rang des principes
actifs ; cependant les Chimiftes
n'admettent dans l'eau aucune

de ces parties pointuës, aufquelles il leur plaît d'attribuer
ces effets dans les autres rencontres. Pour nous, qui attribuons
aux molécules de l'eau un mouvement circulaire qui les réduit en autant de petits tourbillons, nous concevons fans
peine que ce mouvement feul
eft capable d'entrainer dans les
pores de l'eau les particules de la
chaux que le feu a extrêmement
attenuées, & que ce tranfport
ne peut fe faire, 1°. Que les molécules de l'huilè que la chaux a
reçu de l'air dans la calcination
ne s'étendent dans les pores de
l'eau, qu'elles n'y produifent des
vibrations promptes & fubites
dans le premier élément en quoi
confifte la chaleur. 2°. Qu'un
grand nombre de ces mêmes molécules ne rompent l'équilibre
d'abord avec les molécules du
premier élément, enfuite avec

celles du second, & qu'elles ne
se transforment en air, en quoi
consiste l'*ébullition.* 3°. Qu'enfin
un autre grand nombre de ces
mêmes molécules de l'huile en
s'agrandissant ne se chargent de
petites particules terreuses après
les avoir extrêmement subdivi-
sées, & ne les fassent circuler
autour de leurs superficies avec
une promptitude comme infinie,
ce qui est bien capable de donner à la chaux cette *corrosion*
qu'on y remarque. Et une preuve que ce ne sont que ces molécules de l'huile chargées de molécules dures & subtiles qui rendent la chaux corrosive, c'est
que lorsqu'on en a dépoüillé l'eau
de chaux, comme on l'a dit (pag.
17.) elle perd toute sa force.

Quel rapport peut-il y avoir
encore entre des pointes, des
guaines, des branches, & tout le
reste de l'attirail dont les Chimis-

tes font uſage ; & cette flame ar-
dente qui naît du mélange d'un
eſprit de nitre , bien concentré,
verſé ſur de l'huile de térébentine, ou ſur toute autre huile eſ-
ſentielle. Mais ſi l'on a bien compris, que tout ce grand mouvement qui devient ſenſible à nos
yeux dans ces ſortes d'effets, eſt
toujours & en tout tems renfermé
dans le ſein de la matiere à cauſe
qu'elle a été réduite dès l'origine
du monde en petits tourbillons
qui ſe balançans mutuellement,
retiennent ce mouvement enfermé en eux-mêmes ; qu'il ne
s'agit pour rendre ce mouvement ſenſible à notre vûë, que
de rompre l'équilibre qui le retient , ainſi que nous l'avons expliqué ſi ſouvent ; que pour rompre cet équilibre , il ne faut faire
autre choſe que preſenter à
de petits tourbillons d'une certaine grandeur , d'autres petits
tourbillons

tourbillons plus ou moins grands ; lesquels avant que de parvenir à un parfait équilibre, exciteront néceſſairement dans tout le mélange ce trouble que nous y obſervons, & qui peut devenir ſi grand, que d'autres tourbillons encore plus petits, & dont la force centrifuge eſt d'autant plus grande qu'ils ſont plus petits, venant à s'échaper du lieu profond où ils étoient retenus, de la façon que les molécules de l'huile ſe transforment en air dans les pores de l'eau, ainſi que nous l'avons dit ſi ſouvent.   Ces petits tourbillons, dis-je, venant à rompre l'équilibre avec ceux du milieu élaſtique contenu dans la matiere étherée, tendront tout auſſi-tôt à devenir tourbillons du premier & du ſecond élément ; & produiront dans ces milieux des vibrations qui exciteront ſur nos ſens le ſenti-

X

ment de chaleur & de lumiere ,
que nous éprouvons dans ces
experiences.

PROPOSITION XIII.

Les differences qui distinguent les sels les uns des autres , confirment l'idée générale que nous en avons donnée.

La Terre , les Plantes , les Animaux , d'où nous viennent tous les sels connus , sont comme trois laboratoires differens , où le même sel se perfectionne par degrés.

D'où il suit ,

1°. Que le Sel gemme , le Sel marin , le Sel des fontaines , en un mot le Sel commun , est un mineral , une production , qui procede des simples loix du mouvement. Ce sont de petits tourbillons chargés & enveloppés de particules terreuses , dures , sub-

tiles & entremêlées de molécu-
cules d'huile très-fines.

2°. Que les Vitriols, les Aluns,
ne different du sel commun
qu'en ce que les particules dures qui les composent sont métalliques: ou d'une matiere plus
dense, plus pesante ; & que
les molécules de l'huile qui les
lient sont un peu plus développées que dans le sel commun.

3°. Que les Sels essentiels que
l'on retire du suc des plantes par
la cristallisation ne different des
précédens que par les modifications qu'ils ont reçuës dans les
fibres des plantes ; où les particules alkalines se font beaucoup
plus divisées, & où les molécules
de l'huile que ces sels contiennent se font beaucoup plus étenduës & développées que dans les
sels mineraux ; ce qui rend ces
sels plus faciles à être décompo-
sés.

4°. Que les Sels alkalis fixes qu'on retire des plantes par la calcination, ne font autre chofe que les particules dures des précédens, dégagées de leurs acides ou des petits tourbillons dans lefquels elles circuloient.

5°. Que les fels volatils qu'on retire des plantes par la diftilation, ne font que ces mêmes fels effentiels dégagés par la chaleur du feu ou par la fermentation d'une partie de leurs alkalis; & dont les molécules de l'huile qu'ils renferment, ont diminué en nombre, & fe font beaucoup étenduës. Ce qui rend ces fels legers, & par conféquent volatils; & ce qui eft caufe que ces molécules d'huile, qui font de petits tourbillons, entraînent autour de leurs centres par leurs mouvemens circulaires quelques parties alkalines après les avoir extrémement fubdivifées, lef-

quelles excitent dans les organes de nos sens une odeur uri-
neuse fetide & desagreable ,
qu'on n'éprouve pas dans la plan-
te, où ces molécules d'huile sont
pures & sans mélange de corps
étrangers. Et ce qui fait aussi
que lorsqu'on mêle ces sels avec
des acides, la liqueur fermente ;
par la raison que les acides qui
sont de très-petits tourbillons,
ont bien tôt enlevé aux sels volatils, qui sont des tourbillons
plus grands, les alkalis qu'ils contiennent ; ce qui ne peut arriver que l'équilibre entre les molécules de l'huile de ces deux différens sels ne soit rompu, d'où
naissent l'effervescence & l'ébullition.

6°. Que les Sels volatils urineux que l'on retire en grande
quantité de toutes les parties animales, ne sont autre chose que
les mêmes sels végétaux qui ont

reçu de nouvelles modifications dans les fibres des animaux qui se nourrissent de plantes, & qui s'y sont chargés d'une grande quantité de molécules d'huile; lesquelles se développant par la chaleur, se chargent, de la même façon que dans les sels précédens, de particules alkalines très-fines; en quoi consiste la mauvaise odeur qu'ils exalent en se répandant dans l'air par la fermentation, ou par la putrefaction, à laquelle les matieres animales sont sujettes; à cause de la délicatesse de leurs parties, sur lesquelles les molécules de l'air peuvent avoir, & ont en effet, beaucoup d'action par leurs mouvemens circulaires. Et que le Sel ammoniac dont on est maintenant exactement instruit de la fabrique, n'est autre chose qu'une espece de sel volatil que l'on retire en Egypte des excrémens des animaux qui naissent dans ces païs chauds.

7°. Qu'enfin le Nitre (ainſi que M. Lemery l'a prouvé dans ſes Memoires de 1717, par un grand nombre d'obſervations) ne procedant que de la ſubſtance des plantes & des animaux , n'eſt d'abord qu'un ſel volatil urineux , qui étant diſſous par l'humidité , s'inſinuë dans les pores des pierres des vieux bâtimens ; s'y charge de molécules alkalines de la chaux , du platre, &c. & devient un ſel concret , fixe & criſtalin , qu'on nomme Salpêtre.

Tout ce que nous venons de dire doit donc nous porter à conclure que les differences, qui diſtinguent les ſels concrets les uns des autres , ne ſont pas ſi grandes qu'on ne puiſſe rapporter tous ces ſels à un même principe ; & juger que ce ne ſont au fond que de petits tourbillons enveloppés de particules dures & alkalines , diverſement entremêlées de molécules d'huile plus ou moins dévelopées. Et que l'Acide du sel marin ne diffère de l'Acide nitreux qu'en ce que les molécules de l'huile dont celui du sel marin est composé, sont des tourbillons incomparablement plus petits que ceux qui entrent dans la composition de l'acide du nitre ; & que l'Acide du vitriol ne diffère des précédens qu'en ce que les molécules dures qu'il contient sont métalliques ; ce qui rend cet acide beaucoup plus pesant que les autres.

REMARQUE.

Les Chimistes (Mem. de l'Ac. 1717.) ont trouvé le moyen de volatiliser le Nitre & le Vitriol, mais tous les efforts de la Chimie sont impuissans lorsqu'il s'agit de volatiliser le Sel marin ; il faut pour cet effet des alembics d'un autre genre. On sçait à présent que le Sel ammoniac n'est autre chose qu'un sel marin volatil, & qu'il s'est volatilisé en passant d'abord par le filtre des plantes qui croissent en Egypte, & ensuite par les entrailles des animaux qui y paissent sur le bord du Nil ; des escrémens desquels on retire ce sel par la sublimation. Ainsi non seulement les sels essentiels des plantes, les sels végétaux : mais aussi tous les sels mineraux que nous connoissons, sont susceptibles de la volatilisation. Il n'y a que quelques sels artificiels qui soient encore demeurés intraitables à cet égard.

Cela vient apparemment de ce que dans la fabrique de ces sels, les principes qui les composent & qu'on a eu soin de leur fournir avec justesse, & dans la proportion la plus convenable, se sont si bien liés ensemble, qu'il n'est plus possible de les defunir. M. Stall, comme nous l'avons déja dit (pag. 57) est néanmoins parvenu à décompofer le tartre vitriolé par le moyen d'une diffolution d'argent faite par l'efprit de nitre ; où il eft arrivé que l'acide du vitriol a abandonné le tartre, s'eft uni aux molécules d'argent, & s'eft précipité avec lui ; tandis que l'acide du nitre s'eft faifi du tartre & a formé avec ce fel alkali un nitre régeneré. Je ne m'arrêterai pas à fuivre le mécanifme de cette opération, dont l'effet dépend en partie de ce que nous dirons dans la fuite.

PROPOSITION XIV.

Les métaux font des corps compofés de différens genres de pores, remplis de molécules d'huile de differente efpece de grandeur.

I. Les diverfes experiences

qu'on a faites fur les métaux, doivent nous faire comprendre que ces matieres ne different des autres mineraux qu'en ce que leurs parties folides font beaucoup plus petites ; c'eft-à-dire, qu'une particule fenfible de métal peut être divifée & fubdivifée plufieurs fois fans ceffer d'être ce qu'elle étoit avant cette divifion. Que par conféquent le métal eft compofé de plufieurs pores de differente efpece , les uns beaucoup plus petits que les autres. Que tous ces differens pores font remplis de molécules d'huile plus ou moins dévelopées, felon qu'elles font contenuës dans des pores métalliques plus ou moins grands.

1°. L'on conçoit par là, la raifon pourquoi les métaux font opaques , & qu'ils ne deviennent tranfparens que lorfque le feu a détruit cette diverfité de pores ;

ou qu'il en a si fort agrandi la premiere espece, qu'elle n'a plus de rapport aux autres.

2°. Et pourquoi les métaux sont mous, ductiles, malleables. Car les moindres particules sensibles des métaux étant composées d'autres particules insensibles, environnées de molécules d'huile qui forment entr'elles un corps fluide ; & ces premieres molécules de métal étant encore composées d'autres particules encore plus petites, environnées de molécules d'huile encore plus fines qui forment entr'elles un corps fluide ; il est visible que le corps entier du métal doit participer de cette fluidité, & être par conséquent mou, ductile & malleable. De telle sorte qu'en l'étendant avec le marteau, ses parties ne se séparent pas les unes des autres ; par la raison que les molécules de l'huile qui rem-

pliffent les pores des métaux, &
qui font équilibre avec le premier élément, empêchent que
le fecond élément n'y entre. Ce
qui eft caufe que ce milieu dont
l'élafticité eft incomparablement
plus grande que n'eft celle de
l'air, tient les parties métalliques comprimées les unes auprès des autres, & ne leur laiffe
que la liberté de gliffer les unes
fur les autres lorfqu'on les preffe
avec le marteau.

3°. Par là l'on voit encore la
raifon pourquoi les métaux fon-
dent & fe liquéfient par la chaleur du feu. C'eft que les molécules de l'huile contenuës dans
les premiers pores du métal, qui
ne font autre chofe que de petits
tourbillons du premier élément,
venant à acquérir un plus grand
volume par l'action du feu, foulevent auffi-tôt les particules
métalliques & les détachent les

unes des autres ; ce qui procure
d'abord au métal ce plus grand
degré de moleſſe qu'on y éprouve. Enſuite ces molécules de
l'huile devenant de plus en plus
grandes, obligent les particules
du métal à circuler ſur leurs ſu-
perficies, & à former enfin un
tout liquide.

4°. On voit encore par là, la
raiſon pourquoi les métaux ſont
plus peſans que les autres matieres. C'eſt que la matiere ſolide
qui les compoſe étant diviſée &
ſubdiviſée, entre bien plus pro-
fondément dans les moindres
parties du volume qu'ils occupent, que ne ſont les particules
ſolides des autres matieres qui ne
ſont pas ſuſceptibles d'une telle
ſubdiviſion ; ce qui eſt cauſe qu'à
volume égal, il y a bien plus de
matiere peſante dans un certain
volume de métal que dans un
pareil volume d'autre matiere.

Par exemple, dans une diſſolution de ſel dans l'eau, les molecules de ſel circulent bien autour des petits tourbillons de
l'eau, mais elles ne pénétrent
pas dans leur ſubſtance ; elles
ſont trop groſſes pour s'inſinuer
dans les pores que laiſſent entre
elles les particules qui compoſent les molécules de l'eau. Mais
les molécules de l'Or ne rempliſſent pas ſeulement les premiers pores du fluide qui ſert
de baſe à ce métal ; elles rempliſſent auſſi les ſeconds pores
de ce fluide ; elles pénétrent
dans ſes molécules ; elles ſont
donc en plus grand nombre dans
un pareil volume ; ce qui doit
rendre le métal plus peſant.

5°. La peſanteur de l'or & ſa
ductibilité qui ſurpaſſe celles de
tous les autres métaux, doit donc
nous porter à juger que l'or eſt
le métal dont les particules peu-

vent souffrir un plus grand nombre de divisions & de subdivi-
sions, sans cesser d'être or, que ne
le peuvent souffrir celles de l'argent & des autres métaux. D'où
il suit encore que l'or doit être
le métal qui résiste le plus à l'action du feu, qui tend à le décom-
poser, ou plutôt à le détruire ;
c'est-à-dire, à déranger l'ordre
de ses moindres parties ; lesquelles sont d'autant plus éloignées
de l'action du feu, qu'elles sont
engagées dans des pores plus
petits & plus profonds.

6°. Il suit encore de ce que
nous venons de dire, que si dans
une quantité considérable d'or
fondu, on y jette une quantité
de cuivre ou de quelqu'autre
métal, si petite que ce soit ; d'a-
bord en vertu du mouvement
circulaire de toutes les molécules de la liqueur, ce métal étranger venant à fondre, se répandra

dra uniformément dans les plus grands pores de l'or, & y produira une roideur inusitée ; à cause que ces molécules étrangeres n'étant pas susceptibles de la même souplesse que les molécules pareilles de l'or, n'auront pas le degré de ductilité qui convient à ces dernieres, seront comme des grains de sable mêlés dans de la cire, & rendront toute la masse moins ductile, moins liée, & par conséquent plus dure sous le marteau, & plus cassante dans la filiere. Donc, &c. C. Q. F. D.

PROPOSITION XV.

La dissolution des métaux par les eaux fortes, & les effets singuliers qui s'y opérent, font une suite du même mécanisme.

Je ne dirai pas d'abord pourquoi l'esprit de nitre qui dissout l'argent, & tous les autres métaux, ne diſſout pas l'or ; ni pourquoi l'eſprit de ſel qui, employé ſeul, ne diſſout ni l'or, ni l'argent, quoiqu'il diſſolve les autres métaux, étant mêlé en petite quantité avec l'eſprit de nitre, forme une liqueur qui diſſout l'or, & ne diſſout pas l'argent. Car ces effets ne pouvant proceder que d'une ſuite de circonſtances qu'il eſt néceſſaire avant toutes choſes de bien connoître, il ſeroit hors de raiſon de fabriquer ici un nouveau ſyſtême tout exprès, pour expliquer un effet qui ne doit être qu'une conſéquence du ſyſtême général.

Mais je dirai d'abord que les Chimiſtes ayant éprouvé que les Chaux métalliques, qui ne ſont autre choſe qu'un métal dont on a détruit les premiers pores & qu'on a dépouillé des molécules d'huile qui environnoient leurs

premieres parties , ne fermentent plus avec les acides ; que
les eaux fortes n'excitent fur
ces matieres ni effervefcence,
ni ébullition , ni diffolution, ni en
un mot aucune fermentation. Ce
fait remarquable doit donc néceffairement nous porter à juger
que l'huile , dont on a dépoüillé
le métal par la calcination , eft
la matiere la plus effentielle à la
fermentation , & par conféquent,

1°. Que les eaux fortes ne diffolvent les métaux que parce que
les molécules d'huile qu'elles
contiennent étant plus grandes
que celles qui font contenuës
dans les pores du métal ; celles-
ci qui ont plus de force centrifuge que les premieres , s'agrandiffant à leurs dépens , foulevent
les particules folides du métal,
& les détachent les unes des autres. D'où il fuit que les petits tourbillons acides feront en

Y ij

état de les enlever par leur mouvement circulaire, & de les entrainer avec eux dans toute l'étenduë de la liqueur ; sans que les molécules d'huile incomparablement plus petites que les précédentes, qui sont contenuës dans les pores des particules de ce métal que l'eau forte a entraînées, ayent reçu aucune alteration ; ce qui est cause que ces particules métalliques n'ont pas changé de nature par cette premiere dissolution.

2°. Cela doit nous indiquer que les molécules de l'huile contenuë dans l'esprit de nitre, qui dissout l'argent, sont plus grandes que celles qui sont contenuës dans les premiers pores de ce métal. D'où il suit que celles-ci, qui auront d'autant plus de force centrifuge qu'elles seront plus petites que les autres, s'agrandiront nécessairement à

leurs dépens , & souleveront les
molécules d'argent , sous lesquelles elles sont engagées , les
sépareront les unes des autres ,
& donneront lieu aux molécules
des acides de les entrainer, par
leurs mouvemens circulaires ,
dans les pores du dissolvant.

3°. Que lorsque l'esprit de nitre est trop rectifié , ou qu'on a
trop diminué le volume d'eau
dans lequel il nage , cette eau
forte ne peut plus alors dissoudre l'argent. Car dans cet état
les molécules de l'huile qu'elle
contient étant plus entassées les
unes sur les autres , sont devenuës plus petites , & par conséquent ou égales ou moindres que
celles qui sont contenuës dans les
premiers pores du métal. Ainsi
bien loin que ces dernieres puissent s'agrandir aux dépens des
premieres : ou elles feront équilibre avec elles : ou elles perdront

de leur volume; ce qui sera cause que les molécules d'argent ne
se sépareront pas l'une de l'autre,
& qu'il ne se fera pas de dissolution; mais plutôt nne calcination.

4°. On doit donc penser que
la raison pourquoi l'esprit de sel
ne dissout pas l'argent: vient de
ce que les molécules de l'huile
que cet esprit contient, sont:
ou égales, ou plus petites que
celles qui sont contenuës dans les
premiers pores de l'argent. D'où
il suit que celles-ci ne pouvant
s'agrandir aux dépens de celles-
là, elles ne peuvent soulever les
molécules du métal, ni les détacher les unes des autres.

5°. Les molécules de l'huile
contenuës dans les pores du cuivre pouvant être plus grandes
que celles qui sont contenuës
dans les pores de l'argent, l'eau
forte capable de dissoudre l'argent, ne sera pas propre à dif-

foudre le cuivre, à moins qu'on
ne l'affoiblisse confiderablement,
en y verfant 18 ou 20 fois autant d'eau commune ; ce qui fera
caufe que les molécules de l'huile qu'elle contient dans fes pores
étant moins entaffées les unes
fur les autres, deviendront plus
grandes que celles qui font contenuës dans les pores du cuivre ;
après quoi la diffolution du cuivre fe fera, comme on a expliqué que s'eft faite celle de l'argent.

6°. Il fuit de là que fi dans une
diffolution d'argent par l'efprit
de nitre on met une lame de
cuivre au fond du vafe, &
qu'on y verfe 18 ou 20 fois autant d'eau commune, le cuivre
fe diffoudra ; & qu'à mefure que
les molécules de ce métal feront
emportées par les petits tourbillons acides qui, à caufe de leur
affoiblissement, foutiennent à

peine les molécules d'argent qu'-
ils avoient dissous lors de leur
plus grande force, ces molécules de cuivre plus legeres & plus
proportionnées à la force actuelle
des acides, obligeront celles d'argent à leur céder la place. De sorte qu'à mesure que le cuivre
montera dans la liqueur à travers
les pores de l'eau, (car tout ce
manege ne se passe que dans les
pores de ce fluide) l'argent se précipitera.

7°. Un effet remarquable dans
cette opération est, que l'argent
en se précipitant ne se trouve répandu autre part que sur la superficie de la lame de cuivre.
Donc la raison est que la pesanteur spécifique du cuivre étant
moindre que celle de l'argent,
d'abord il est clair que les petits
tourbillons acides qui touchent
la superficie de la lame de cuivre s'étant chargés de particules

de

de cuivre, n'ont pû se décharger
autre part des molécules d'argent
qu'ils contenoient, que sur la
superficie de la lame. Qu'ensuite
ces petits tourbillons acides,
chargés de molécules de cuivre,
étant devenus par là plus legers,
que ceux qui sont encore chargés de molécules d'argent, s'éleveront à la superficie, céderont
leur place à une seconde couche d'acides chargés de molécules d'argent, qui les déposeront
de même sur la superficie de la
lame, à mesure qu'ils se chargeront de celles de cuivre. Et
ainsi de suite.

8°. Voici maintenant un effet
encore plus remarquable, & que
les Chimistes Cartésiens regardent comme un mistere impénétrable. Je ne m'en étonne pas;
ils ignoroient le vrai principe de
la nature, ils ne faisoient aucun
usage du mouvement circulaire,

Z

fi fécond en proprietés.

Lors donc que dans une diſſolution d'argent par l'eſprit de nitre on y verſe une certaine quantité d'eau ſalée ; la liqueur s'échauffe, il s'y fait une grande ébullition, & l'argent ſe précipite ; non pas dans ſon état naturel ; car ſi l'on fait fondre à petit feu la poudre d'argent, qui s'eſt précipitée, elle compoſe une maſſe fléxible & tranſparente comme de la corne ; & ſi on augmente le feu, toute la matiere s'envole ; de ſorte qu'on n'en peut retirer l'argent qu'elle contient que par adreſſe.

Dans cette opération l'argent eſt donc devenu de dur, mou ; d'opaque, tranſparent ; de fixe, volatil ; l'argent y a donc reçu un changement très-conſiderable ; & la *Lune cornée*, qui eſt cet argent volatil, eſt donc, n'en déplaiſe à quelques Chimiſtes, l'eſfet d'une grande fermentation.

L'efprit de nitre y a donc attaqué à fon ordinaire les molécules du fel marin contenuës dans l'eau falée ; l'efprit du fel marin s'eft donc dégagé de fes enveloppes, & a attaqué les molécules d'argent fufpenduës dans la liqueur ; & cet efprit qui ne peut diffoudre l'argent lorfqu'il n'a pas été préalablement divifé par l'efprit de nitre, eft maintenant capable d'en fubdivifer les parties. Cela vient de ce que les molécules de l'huile contenuës dans les pores de ces molécules d'argent incomparablement plus petits que les premiers pores de l'argent, font plus petites que les molécules de l'huile contenuës dans l'efprit de fel ; ce qui eft caufe que les premieres doivent s'agrandir aux dépens de celles-ci, & foulever les particules de ces molécules d'argent, les déta-

cher les unes des autres & les
mettre dans une difpofition propre à être entraînées par le mouvement circulaire des molécules
de l'efprit de fel.

Dans cette opération l'argent
a donc fouffert une feconde divifion, c'eft-à-dire, que l'efprit
de nitre l'ayant d'abord divifé
en des molécules infenfibles,
l'efprit de fel a fubdivifé ces molécules en d'autres molécules incomparablement plus petites,
dont les petits tourbillons de l'efprit de fel fe font enveloppés;
ce qui les a rendus trop pefans,
pour étre foutenus dans la liqueur. Ainfi la poudre d'argent
qui s'en eft formée s'eft précipitée au fond du vafe; & cette fubdivifion de l'argent a dû le rendre fléxible, tranfparent & volatil, ou ce qui revient au même,
le transformer en *Lune cornée*.

L'efprit de nitre de fon côté

s'étant développé des alkalis du fel marin, a compofé un nitre quadrangulaire que l'on obtient par la criftallifation de la liqueur furnageante.

9°. Dans cette opération nonobftant la fubdivifion des molécules de l'argent en particules incomparablement plus petites, l'argent n'a pas été décompofé ; la matiere qui en eft reffortie n'a pas pour cela ceffé d'être encore argent. On l'obtient par l'opération que nous avons décrite (pag. 34) dans laquelle on a fourni à l'argent les molécules de l'huile dont il avoit été dépoüillé, & aux acides dont il étoit chargé, une pâture de plus facile digeftion à laquelle ils fe font attachés, & ont abandonné l'argent qui s'eft précipité fous fa forme ordinaire.

Or cette divifion & fubdivifion de l'argent fans que fes molécules ceffent d'être argent : ou ce qui revient au même, fans que l'argent ait été décomposé, doit nous faire comprendre combien il eft difficile de parvenir par les opérations chimiques jufqu'à la décompofition des métaux ; & combien eft vaine la recherche de ceux qui s'efforcent de les compofer ou de trouver ce qu'ils appellent la *Pierre philofophale.*

III. L'Or ne pouvant être diffous par l'efprit de nitre, on doit penfer, 1° que les molécules de l'huile contenuës dans les premiers pores de l'or, font incomparablement plus petites que celles que contient l'efprit de nitre, & comme d'un fecond genre à leur égard ; ou que ces molécules d'huile contenuës dans les premiers pores de l'or, font de même genre que celles qui font contenuës dans les feconds pores de l'argent ; c'eft-à-dire, dans les pores des particules de l'argent,

que l'esprit de nitre est capable
d'enlever. Ce qui sera cause que
n'y ayant aucune proportion entre les grandes molécules de
l'huile contenuës dans l'esprit de
nitre, & les petites molécules de
l'huile contenuës dans les pores
de l'or ; ces deux especes de molécules étant de petits tourbillons de differens genres, qui ba-
lancent avec des milieux élastiques de l'éther tous differens,
les petites ne s'agrandiront pas
aux dépens des grandes. D'où il
suit que les molécules de l'huile
contenuës dans les pores de l'or
ne pouvant s'agrandir aux dépens des molécules de l'huile
contenuës dans l'esprit de nitre,
les molécules de l'or ne seront
point soulevées dans l'esprit de
nitre, & il ne s'y fera par conséquent ni fermentation ni dissolution. Mais il faut remarquer que
par les premiers pores de l'or je

Z iiij

n'entens pas parler de ceux que l'on peut voir par le microsco-pe, ces pores sont trop grands, pour être comptés parmi les vrais pores de l'or ; comme on ne compte pas parmi les pores essen-tiels au pain ces grands yeux qu'on y remarque.

2°. L'esprit de sel tout seul ne pouvant non plus dissou-dre l'or, on doit penser que les molécules de l'huile qu'il con-tient sont égales, & font par conséquent équilibre avec celles qui sont contenuës dans les po-res de l'or. D'où il suit qu'il ne doit pas non plus arriver de sou-levement, ni par conséquent de dissolution entre l'esprit de sel & l'or.

3°. Mais lorsqu'on a mêlé une partie d'esprit de sel dans cinq parties d'esprit de nitre, & que dans ce mélange la liqueur s'est échauffée, & a souffert fermentation ; on doit penfer que cela n'eft venu que parce que les molécules de l'huile contenuës dans l'efprit de fel s'étant infinuées dans les pores de l'eau, dont ces liqueurs acides font toujours abondamment fournies, s'y font d'abord agrandies, & ont commencé à faire comparaifon avec les molécules de l'huile contenuës dans l'efprit de nitre, & que le refultat de cette comparaifon, ou plutôt de ce combat, a dû ne s'être terminé qu'à un accord parfait de grandeur entre les deux genres de ces molécules ; que le volume des unes a dû beaucoup diminuer, & celui des autres augmenter à proportion ; de forte qu'à la fin elles n'ont plus formé qu'un milieu, homogene ; une Eau régale compofée de molécules d'huile plus petites que n'étoient celles des acides nitreux, & plus grandes que n'étoient celles des acides du sel marin.

4°. Que l'argent réduit en grenailles étant jetté dans ce dissolvant, qui contient maintenant des molécules d'huile beaucoup plus petites que n'étoient celles qui étoient contenuës dans l'esprit de nitre, & par conséquent, ou égales, ou plus petites que ne font celles qui sont contenuës dans les premiers pores de l'argent ; ces dernieres ne pourront s'agrandir aux dépens des premieres ; il n'y aura donc point de soulevement des particules d'argent ; ni par conséquent de dissolution de ce métal dans l'eau régale.

5°. Mais au contraire, si après avoir réduit l'or en grenailles & l'avoir jetté dans l'eau régale qui contient des molécules d'huile plus grandes que ne font celles de l'esprit de sel , &

par conséquent plus grandes que celles qui font contenuës dans les pores de l'or ; il est visible que ces dernieres doivent s'agrandir aux dépens des premieres ; puisqu'étant plus petites elles auront plus de force centrifuge qu'elles; elles souleveront donc les molécules de l'or ; elles les détacheront les unes des autres ; & les acides de l'eau régale survenant sur ces entrefaites enleveront les molécules de l'or, & les disperferont dans tous les pores du diffolvant.

6°. Mais si l'on vient à verser du sel alkali de tartre sur cette diffolution d'or , les molécules de ce sel étant très-fines & beaucoup moins lourdes que celles de l'or , se laifferont aisément enlever par le mouvement circulaire des acides de l'eau régale, qui perdant beaucoup de leur force par ce nouveau poids, n'au-

ront plus celle qui étoit néceffaire pour tenir fufpenduës les
molécules de l'or qui fe préci-
piteront en poudre au fond du
vafe, entraînant avec elles un
bon nombre de molécules d'huile
à demi dévelopées, lefquelles venant à s'étendre par l'action du
feu, acheveront de fe déveloper
entierement, & de fe transformer en air. Cet or pourra donc
alors être confideré comme un
amas de petites bulles d'air environnées chacune d'une enve-
lope métallique ductile, ou dont
les particules ont quelque liai-
fon entr'elles. D'où il fuit qu'é-
tant mis fur le feu, les molécules de l'air qu'il contient venant
à recevoir un grand mouvement
par la chaleur du feu, & fe trouvant refferrées par ces pellicules
qui les environnent, acquerront néceffairement une grande
force élaftique, & femblables à

ces petits globes de verre creux remplis d'air, que l'on jette au feu; ces molécules d'air produiront en brisant enfin les prisons qui les resserrent, ce grand bruit qui a fait donner à cette poudre le nom d'*Or fulminant*.

REMARQUE.

Ce que je viens de dire sur les métaux, peut & doit même s'étendre également sur les sels, de sorte que la fermentation ne commence jamais que par la rupture de l'équilibre entre les molécules de l'huile contenuës dans la matiere à dissoudre, & de l'huile contenuë dans la matiere du dissolvant, lesquelles doivent être plus grandes, ou avoir moins de force centrifuge que les premiers. Car c'est là le ciseau universel qui sépare & divise la matiere alkaline qui doit être enlevée par les acides. Ainsi,

1°. L'esprit du sel marin, ou du vitriol, versé sur du sel alkali de tartre, ou sur du fer, ne s'enveloppe de ces matieres que préalablement les molecules d'huile qui sont contenuës dans le sel de tartre, & qui sont beaucoup plus petites que celles qui sont contenuës dans les acides, ne s'étendent aux dépens de ces dernieres ; & que par ce moyen elles ne soulevent & ne divisent les particules alkalines du tartre que les acides enlevent ensuite avec facilité par leurs mouvemens circulaires ; tandis que les molécules de l'huile, se transformant en air, excitent dans la liqueur le trouble, l'effervescence & l'ébullition qu'on y remarque.

2°. On a vû (page 38) avec quelle difficulté l'acide de vitriol se séparoit de sa base ; il arrive cependant, comme on l'a

remarqué (page 48) que si sur
une diſſolution boüillante de vitriol on verſe de la liqueur de
ſel de tartre juſqu'à ceſſation de
fermentation, l'acide du vitriol
abandonne ſa baſe, & ſe joint
au ſel de tartre pour compoſer
enſemble leTartre vitriolé. Cela
vient, ſelon nos principes, de ce
que dans le ſel alkali de tartre il
y a des molécules d'huile plus
grandes que ne ſont celles qui
ſont contenuës dans le vitriol :
celles-ci s'étendent donc aux dépens des autres : & comme dans
le vitriol les molécules d'huile
jointes aux molécules de fer, forment les capſules dans leſquelles
les acides du vitriol ſont tenus
captifs ; ces molécules d'huile venant à s'agrandir , la tiſſure de
ces capſules eſt toute détruite ;
& les acides du vitriol mis en liberté , s'envelopent du ſel de
tartre & compoſent le Tartre vi-

triolé ; tandis que le fer, plus pesant, se précipite au fond du vase.

3°. Nous avons remarqué, (pag. 54) que lorsqu'on verse goute à goute de l'acide du vitriol sur du sel ammoniac pulverisé, il s'excite dans la matiere une ébullition lente & froide, qui fait baisser le Termométre, tandis que la vapeur qui en sort est chaude. C'est que dans ce cas les molécules de l'huile les plus subtiles de l'une & de l'autre matiere qui doivent se combatre, & exciter par ce moyen la chaleur ou l'effervescence, se sont envolées dans les pores de l'air avant que de finir leurs combats; & ont privé la matiere qui reste, du mouvement qu'elles y auroient excité avant que d'être parvenuës à l'équilibre. Et cela est si vrai, que si avant que de verser l'huile de vitriol goute à

goute

goute ſur le ſel ammoniac, on
fait diſſoudre ce ſel dans de l'eau,
la fermentation ſe faiſant alors
toute entiere dans les pores de
l'eau, elle y excite la chaleur
accoutumée..

4°. Lorſqu'on verſe d'une diſſolution d'argent faite avec l'eſprit de nitre ſur une autre diſſolution de tartre vitriolé, on a remarqué (pag. 57) que ſans que
le mélange s'échauffe, l'acide vitriolique quitte le ſel de tartre,
& s'unit à l'argent, avec lequel
il ſe précipite. C'eſt qu'alors il ſe
fait une ſubdiviſion des molécules de l'argent, & que les molécules de l'huile qui ſont contenuës dans les pores des particules de l'argent que l'eſprit de
tartre a déja diviſé, ſont tant
ſoit peu plus petites que les molécules de l'huile contenuës dans
les pores du tartre vitriolé ; ce qui
eſt cauſe que les particules de ces

particules d'argent se détachent l'une de l'autre, & qu'étant assez subtiles pour s'insinuer dans les petits tourbillons acides du vitriol, elles les pénétrent & les dégagent par ce moyen du sel de tartre, qui s'unit à son tour à l'acide du nitre, qui ne contient plus aucune de ces molécules du tartre, qu'il avoit d'abord dissout, & qui se sont évanoüies à son égard en se subdivisant & en se joignant aux acides du vitriol.

Je n'en dirai pas davantage sur ce sujet, mon dessein n'étant uniquement que de mettre les Phisiciens en état de poursuivre cette carriere. Mais on ne manquera pas sans doute de dire ici que la description que je viens de faire des causes des effets précédens, n'est au fond qu'un beau *Roman*. Hé bien qu'on compare au moins ce Roman prétendu avec les merveilleuses his-

toires qu'on nous a jusqu'à présent débitées sur le même sujet ;
lesquelles n'ont pas laissé que de
beaucoup contribuer au progrès
de la Chimie ; & qu'on juge qui
de nous est celui qui a puisé dans
les meilleures sources. Je ne m'at-
tens pas au reste que les Chimistes qui ont vielli dans leurs anciennes idées, me soient beaucoup favorables ; Ils sont trop
préoccupés de leurs pointes, de
leurs guaînes, de leur attraction, répulsion, mouvemens
confus, &c. pour pouvoir esperer
qu'ils s'en détachent. Ils en ont
fait un trop grand usage dans
leurs livres pour esperer qu'ils
les abandonnent. Mais c'est à la
posterité que j'en appelle ; c'est
elle principalement que j'ai en
vûë, c'est elle uniquement que
je veux tâcher d'instruire. A l'é-
gard des autres, ils comptent
d'en sçavoir trop, pour faire cas

des lumieres que je m'efforce de
répandre dans la Phisique, en ne
suivant que les principes les plus
simples, en n'employant uniquement ment dans l'explication des effets de la nature, que la matiere
toute nuë & le mouvement reglé
& conduit sans interruption par
les principes des Mécaniques.

D'autres diront sans doute,
qu'il y a encore trop d'arbitraire
dans mon Systême, & que j'ai
supposé à la vûë des expériences
des effets mécaniques, qui n'ont
pas une liaison absolument nécessaire avec les principes que j'ai
d'abord posés dans mon premier
volume. J'en conviens ; car je ne
présume pas qu'il soit tout-à-fait
possible de traiter la Phisique
comme Euclide a traité la Géométrie. C'est un Ouvrage tout
formé que nous considerons ; &
les effets qui s'offrent ànos sens,
sont souvent si éloignés des prin-

cipes que, pour en découvrir la
cause, on est contraint de prati-
quer la méthode que les Géo-
métres employent dans la résolution des problêmes compofés. Or n'est-il pas évident que
les constructions qu'ils font pour
les resoudre, les lignes qu'ils tirent, les figures qu'ils forment
ne font pas tout-à-fait exemptes
de cet arbitraire qu'on me re-
proche ; puisque d'autres Géo-
métres resolvent les mêmes problêmes en se servant d'autres
constructions.

Il suffit donc d'exiger en Phisique, comme en Mathemati-
que, que ce que l'on suppose
pour parvenir à la résolution du
problême, ne renferme rien qui
ne soit possible, rien qui con-
tredise ce qu'on a déja supposé;
rien qui ne puisse amener aux
principes qu'on a posés pour fondement. Or c'est ce que je me

fuis efforcé de faire. Si l'on trouve au reste que je n'y aye pas bien réuffi dans de certaines rencontres, rien n'empêche que d'autres ne s'efforcent de mieux faire: mais je fuis néanmoins perfuadé & comme convaincu qu'on ne pourra jamais renverfer, ni par l'expérience, ni par le raifonment le mécanifme général dont j'ai jufqu'à préfent fait ufage.

AVIS.

M. Duhamel, de l'Académie des Sciences, qui s'applique avec fuccès au progrès de la Chimie, vient de nous communiquer deux procedés differens, par lefquels il obtient l'Alkali, ou la Bafe du fel marin. Les Chimiftes avoient trouvé l'art de décompofer le Nitre & le Vitriol, deforte qu'ils montroient féparément l'Acide & l'Alkali de ces fels. A l'égard du Sel marin, ils

avoient bien trouvé le moyen
d'en obtenir l'Acide ; mais l'Alkali de ce sel leur avoit toujours
échapé. Je ne rapporterai ici des
procedés de M. Duhamel que
celui qui paroît le plus simple.

1°. Sur du Sel marin décrepité
il verse goute à goute de l'esprit
de nitre bien concentré qui y
excite une grande fermentation ;
durant laquelle l'esprit de sel se
sépare de sa base, & se dissipe en
l'air ; tandis que l'esprit de nitre
s'empare de la base du sel marin
& forme avec elle un sel concret
nommé *Nitre quadrangulaire.*

2°. Il fait fondre ce nouveau
sel dans le creuset, & y jette dessus par projection de la poudre
de charbon, qui s'enflame aussi-
tôt, emporte avec elle l'esprit de
nitre ; & laisse au fond du creuset un sel alkali, qui ne peut être
autre chose que la base même du
sel marin, dont cet esprit s'étoit

chargé dans la 1re opération.

Parmi les preuves qu'il en donne, & qui sont en grand nombre, & des plus convinquantes, je n'en choisirai qu'une. Il verse goute à goute sur ce sel alkali, de l'esprit de sel jusqu'à cessation de fermentation, & il retire de ce mélange par la cristallisation un vrai *sel marin régéneré*.

Rien n'est si simple que ce procedé, & les Chimistes qui, comme on l'a vû (pag. 33) avoient obtenu l'alkali du Nitre, par une semblable operation, devoient avoir trouvé aussitôt celui du sel marin. Mais on a pû remarquer dans le cours de ces Leçons, que c'est ordinairement ce simple, qui échape à notre sagacité ; & que nous sommes portés plutôt à nous éloigner des principes qu'à nous en approcher.

Fin de la douziéme Leçon.

LEÇON XIII.

DES
METEORES.

PROPOSITION I.

L'élévation des vapeurs & des ex-
halaisons dans les pores de l'Air,
d'où naissent les Brouillards, les
Pluyes, les Neiges, les Vents, &c.
ne sont qu'une suite des principes
établis dans les Leçons précéden-
tes.

I. LE mouvement circulaire
des molécules de l'Air
fournissant à ce fluide une vertu dissolvante, capable d'entrai-

ner dans ſes pores des molécules d'eau, d'huile, de ſels volatils,
&c. ainſi que nous l'avons déja
expliqué ; on conçoit que l'atmoſphere, ou toute cette grande quantité d'air qui environne
la Terre, & qui s'étend bien
haut ſur ſa ſuperficie, contiendra dans ſes pores, tantôt plus,
tantôt moins, de ces mêmes particules ; ſelon qu'il ſera plus ou
moins échauffé, ſoit par les
rayons du Soleil, ſoit par les fermentations qui s'excitent dans
les entrailles de la Terre. Et comme les molécules de l'huile & des
ſels ne s'élevent dans les pores
de l'air, que par l'entremiſe de
l'eau dans laquelle elles ſont déja diſſoutes ; on conçoit que dans
de certains tems, il doit s'élever
dans l'air tantôt des molécules
d'eau toute pure, ce qu'on nomme *Vapeurs* ; & tantôt des molécules d'eau chargées de molécules

d'huile, de sels volatils, &c. ce qu'on nomme *Exhalaisons*.

I I. Lorsque par quelque cause que ce puisse être l'eau monte de telle sorte dans les pores de l'air, qu'elle n'a pas lieu de s'y diviser en des molécules assez subtiles pour s'insinuer dans les endroits les plus étroits de ces pores, ce qui arrive lorsque l'eau est chargée de molécules grasses; on conçoit qu'elle y sera contenuë en des goutes rondes *r* (fig. 2 1) assez grosses pour détourner çà & là les rayons de lumiere, en quoi consiste la couleur blanche, & pour former enfin ce qu'on nomme un *Broüillard*.

Les Broüillards qui ne se forment communément que sur la superficie des rivieres, des marais, des valées, sont donc ordinairement composés de molécules d'eau assez grosses pour tenir en dissolution des sels volatils des

huiles & autres particules heterogenes, pareilles à celles dont
l'eau, dans son état naturel, peut
avoir été chargée ; ce qui est
cause que certains broüillards
peuvent être nuisibles.

Or il peut arriver que la chaleur devenant plus grande, les
molécules d'eau *r* (fig. 21) qui ne
s'augmentent que peu à peu, deviennent si grosses, que l'air ne
puisse plus les soûtenir ; ce qui
sera cause que le broüillard qui
s'est élevé le matin, à mesure que
le Soleil s'élevera sur l'horison,
tombera en forme de *pluye*.

III. Mais s'il arrive qu'en même tems qu'un broüillard se forme, un grand nombre de particules d'eau plus pures, s'insinuent dans les pores de l'air qui
environne ce broüillard ; cette
eau pourra se diviser en des molécules si petites, que non-seulement elles rempliront les centres

r (fig. 21) des pores de l'air. Mais qu'elles s'infinuëront auffi dans les endroits *n*, *l*, *p*, les plus étroits de ces pores. D'où il s'enfuivra qu'à volume égal, l'air qui environne un broüillard, fera plus pefant que celui qui le contient ; & que par conféquent le broüillard montera, & compofera au milieu de l'air ce qu'on nomme une *Nuë*.

I V. Or ces molécules d'eau beaucoup plus petites que celles qui forment un broüillard, & qui rempliffent exactement les pores de l'air, ne difperferont pas les rayons de lumiere ; elles compoferont plutôt, avec l'air dont elles environneront les molécules, un feul milieu tranfparent ; comme il arrive dans les diffolutions Chimiques, où l'on voit que d'abord la liqueur fe trouble & qu'elle s'éclaircit enfuite peu à peu ,.à mefure que

les molécules du corps diſſout ſe
ſubdiviſent.

V. On a obſervé que les Nuës
ne s'élevent jamais ſi haut que
le ſommet des plus hautes montagnes, que l'on trouve néanmoins couvertes de neige. La
raiſon en eſt que la chaleur produite par les rayons du Soleil, ſe
conſervant plus long-tems dans
les molécules ſolides de la Terre
que dans celles de l'air ; l'air
doit être plus chaud auprès de
la ſuperficie de la Terre, que
dans la moyenne région. D'où il
ſuit que la vertu diſſolvante de
l'air doit aller en diminuant à
meſure qu'il s'éloigne de la ſuperficie de la Terre. Que par
conſéquent l'air qui eſt au-deſſus des nuës ne doit pas être
chargé d'autant de molécules
d'eau, ni par conſéquent ſi peſant que celui qui eſt à côté &
au-deſſous, & qu'il doit par con-

féquent y avoir un point où la
nuë étant en équilibre avec l'air,
ceſſera de monter plus haut.

VI. Or les molécules d'eau qui
feront montées dans les pores
de l'air, qui eſt au-deſſus des
nuës, où les rayons de lumiere
réfléchis par la ſuperficie de la
Terre, & qui cauſent un plus
grand degré de chaleur, ne peuvent atteindre ; étant dans un
lieu froid, ſe transformeront néceſſairement en autant de petits
glaçons ; leſquels étant comprimés l'un contre l'autre par l'action de quelque vent, comme
nous l'expliquerons dans la ſuite,
formeront des molécules ſenſibles, qui ne pouvant plus être
ſoutenuës dans l'air, tomberont
ſur la ſuperficie de la Terre en
forme de *Neige.*

VII. Lorſqne le Soleil eſt ſur
le point de ſe lever & qu'il commence en s'approchant de l'hori-

zon, à deſſecher l'air qui eſt répandu ſur la ſuperficie de la
Terre; on conçoit 1°. que les molécules de l'eau, qui peuvent s'é-
lever dans les pores de l'air, à
l'aide de ce petit degré de chaleur, doivent être très-fines &
dégagées de toute autre matiere;
telles que ſont celles qui s'élevent d'abord dans un alembic à
l'aide d'un petit feu. 2°. Que ces
particules d'eau très-fines qui s'é-
levent dans l'air, rencontrant les
pores des feüilles des plantes &
des arbres, dans leſquels il y a
toujours quelque humidité, pourront d'abord s'y attacher & y
former une goutte d'eau inſenſi-
ble. 3°. Qu'enſuite d'autres molécules d'eau continuant à s'élever & rencontrant ces premieres gouttes, s'y attacheront ſucceſſivement, & formeront enfin
peu à peu ſur la ſuperficie de ces
feüilles, ces gouttes ſenſibles

d'eau claire & brillante, que l'on
nomme *Rosée*.

Car il ne faut pas aisément
se persuader que les goutes de
rosée, que l'on voit le matin répanduës sur toutes les feüilles des
arbres & des plantes, y soient tombées en forme de pluye. Tout nous
porte au contraire à penser que
ces goutes d'eau que les rayons
du Soleil levant, en les traver-
sant obliquement, rendent si
brillantes, & ornent de mille couleurs, ne se sont formées que peu
à peu, & par des accroissemens
insensibles. Il faut penser, comme nous venons de le dire, que
ces goutes d'eau ne sont devenuës visibles que parce que quelques-unes des particules de l'eau
contenuës dans les pores de l'air,
rencontrant d'abord en montant
quelques points de la superficie
des feüilles, où elles peuvent plus
aisément s'attacher que par tout

ailleurs, s'y attachent en effet ; ce qui est cause que d'autres molécules qui les suivent de près viennent successivement se joindre à ces premieres. De telle sorte qu'elles forment à la fin ces goutes sensibles de rosée que le Soleil en montant sur l'horison, & échauffant l'air, de plus en plus dissipe. C'est-à-dire, qu'alors la vertu dissolvante de l'air étant plus forte, l'air entraîne de nouveau dans ses pores toute cette eau qui en étoit d'abord sortie.

VIII. Par là l'on concevra aisément la raison pourquoi la Rosée demande un air tranquile, un ciel pur ; pourquoi le vent la dissipe, les nuages l'absorbent, les lieux arides n'en fournissent point ; pourquoi elle est plus fréquente & plus abondante au Printems & dans l'Autonne qu'en Hiver & que l'Eté : c'est qu'en Hiver l'action du Soleil levant eſt trop foible pour faire monter les vapeurs, & en Eté elle eſt trop forte pour les laiſſer repoſer ſur les feüilles ; pourquoi enfin lorſque la fraîcheur de l'air eſt tant ſoit peu conſiderable, la roſée ſe transforme en *Gelée blanche.*

IX. Après le coucher du Soleil les vapeurs & les exhalaiſons qui ſont montées dans les pores de l'air durant la chaleur du jour retombent ſur la ſurface de la Terre ; & c'eſt ce qu'on nomme *Serein.* Point de ſerein en Hyver, parce qu'alors la chaleur n'eſt pas aſſez forte pour élever les exhalaiſons dont les particules ſont plus peſantes que celles des vapeurs. Le ſerein tombe plutôt au Printems qu'en Eté, & plus tard en Eté qu'en Autonne, parce qu'en Eté la fraîcheur, néceſſaire pour condenſer les vapeurs & les exhalaiſons, eſt plus tardive.

REMARQUE.

M.Muchinbrouc,qui s'applique avec soin à faire des expérien-ces, a remarqué qu'en exposant à la rosée deux plats, l'un d'argent & l'autre de fayance, le dernier se remplit d'eau, tandis que l'autre demeure sec; ce qui n'arrive pas lorsqu'on expose ces plats à un broüillard; car dans ce cas les deux plats sont hu-mectés. Cet effet ayant été pro-posé à l'Académie, a d'abord paru très-surprenant; mais il ne peut l'être en effet que pour ceux qui pensent encore que la rosée tombe en forme de pluye. Car pour ceux qui auront bien compris que les goutes de ro-sée ne deviennent sensibles, & n'acquierent la grosseur dont on les voit que successivement, comme nous venons de l'expli-quer, concevront sans peine que

les particules fenfibles de l'eau,
contenuës en abondance dans les
pores de l'air lorfque la rofée
monte , pourront d'abord s'attacher aux pores du plat de
fayance , qui ne mettront aucun
obftacle à s'en laiffer humecter ;
d'où naîtront enfuite , comme
d'une femence , les goutes fenfibles d'eau dont il fera parfemé
en nombre d'autant plus ou
moins grand qu'il y aura plus
ou moins de ces pores dans une
même fuperficie.

Mais que les molécules de métal ayant toujours autour d'elles
une atmofphere impénétrable à
l'eau ; comme l'experience de
l'éguille que l'on étend fur la
fuperficie de l'eau , & qui
ne tombe pas au fond le prouve fenfiblement ; on concevra qu'aucune goute infenfible
de rofée ne pouvant d'abord
s'attacher fur aucun point de la

ſuperficie du plat d'argent, il ne
pourra jamais ſe former ſur cette
ſuperficie aucune goute ſenſible
de roſée, ni ce plat ſe remplir
d'eau, comme le précédent.

Mais que les molécules d'eau
qui forment le broüillard, qui
ſont plus groſſes & plus peſantes,
& qui tombent dans les plats en
forme de pluye, pourront vaincre par leur poids la petite réſiſ-
tance que cette atmoſphere exer-
ce à l'égard des molécules de la
roſée. On pourra voir ſur ce ſujet dans les Mem. de l'Ac. 1737.
les expériences curieuſes que M.
du Fay ſe propoſe de nous détail-
ler, & ſur leſquelles il ne manquera pas de nous fournir à ſon
ordinaire des réfléxions importantes.

PROPOSITION II.

*Le Tourbillon eſt la cauſe prochai-
ne & immédiate du vent proprement dit.*

I. On nomme *Vent* un tranfport fenfible d'air d'un lieu en
un autre. Les vents prennent
leurs noms des points de l'horizon d'où ils viennent, & il en
vient de tous les points. On en
diftingue quatre principaux : Le
vent d'Orient, ou d'*Eft* ; le vent
d'Occident ou d'*Oueft* ; le vent
de Midi ou de *Sud* ; le vent de
Septentrion, ou de *Nord*.

Le vent qui vient d'entre
le Nord & l'Eft fe nomme *Nord-
eft*. Le vent qui vient d'entre le
Nord & l'Oüeft fe nomme *Nord-
oüeft*. Le vent qui vient d'entre
le Sud & l'Eft, fe nomme *Sud-
eft*. Le vent qui vient d'entre le
Sud & l'Oüeft, fe nomme *Sud-
oüeft*, &c.

II. Defcartes a regardé la Rarefaction de l'Air, caufée par
la préfence du Soleil ; l'Erup-
tion des Vapeurs & des Exhalaifons produites par les fermen-

tations fouterraines ; l'air entraîné par le courant d'une Rivier-
re ; la chûte des Nuës, &c.
comme la caufe complette des
vents que nous obfervons. Mais
quoique generalement parlant
ces mouvemens de l'Air puiffent
être confiderés comme des vents,
il paroîtra clairement à ceux qui
feront une férieufe attention
aux effets les plus ordinaires des
vents, à leurs bouffées périodiques, à l'étenduë des terres &
des mers fur lefquelles ils fouflent, à leur longue durée, aux
changemens prompts & fubits
de leurs directions, aux combats qu'ils fe livrent, &c. que
ces divers mouvemens de l'Air
que les Cartéfiens prennent pour
la caufe complette & immédiate
des vents, n'en font en effet que
des caufes éloignées & incom-
pletes.

III. Je conviens avec Defcartes,
1°.

1°. que la partie de l'Atmofphere qui, à chaque inftant répond directement fous le globe du Soleil, étant confiderablement échauffée par fes rayons, doit fe rarefier, occuper un plus grand efpace, repouffer par conféquent tout à l'entour l'Air qui l'environne, & produire de cela feul une efpece de vent.

2°. Que nous devons ordinairement fentir un vent d'Orient, ou d'Eft, lorfque le Soleil fe léve, un vent de Midi ou de Sud lorfque le Soleil eft près du Meridien, un vent d'Occident ou d'Oüeft lorfque le Soleil fe couche, & un vent de Septentrion ou de Nord durant la nuit. Parce qu'alors l'air qui étoit fous le Soleil à midi, & qui s'étoit rarefié durant le jour, fe condenfe durant la nuit, & donne lieu à l'air que celui-ci avoit repouffé vers le Nord en fe ra-

refiant durant le jour, de revenir
vers le Sud.

3°. Que l'air qui produit le
vent d'Oüeſt, qui ſoufle au lever
du Soleil, ayant eu le tems de
perdre durant toute la nuit le
mouvement qu'il avoit acquis
durant le jour précédent, ſe ſera
déchargé des vapeurs & des exhalaiſons dont il ſe munit durant
le jour ; & que la ſuperficie de
la Terre ſur laquelle il ſe répand
aura auſſi perdu la chaleur qu'elle
avoit acquiſe dans le même tems.
D'où il ſuit que le vent d'O-
rient ſera *froid*, à cauſe du mouvement que ſes molécules ont
perdu, & qu'il paſſe ſur la ſuperficie de la Terre, dont le mouvement de ſes particules s'eſt ra-
lenti ; *ſec*, à cauſe qu'il ne ſera
pas chargé de vapeurs ; *doux*, à
cauſe qu'il aura dépoſé les molécules peſantes de l'eau ; *gracieux*,
à cauſe qu'il ne contiendra dans

·fes pores aucune exhalaifon.

4°. Que par des raifons toutes contraires les vents de Midi & d'Orient feront *chauds*, parce que l'air qui les forme paffe fur des terres que le Soleil aura échauffées ; *humides*, parce que l'air que ces vents entraînent fera chargé des vapeurs que le Soleil aura élevées durant le jour ; *difgracieux*, à caufe que le même air n'aura pas eu le tems de fe décharger des exhalaifons que ces vapeurs ont entrainées. Qu'enfin le vent de Nord fera *froid*, *fec* & plus fort que les au-tres, à caufe que les molécules d'eau que l'air qui le forme con-tient dans fes pores, venant du Nord font devenuës de pe-tits glaçons durs & pefans, capa-bles de produire toutes ces im-preffions fur nos fens.

5°. Que la differente fitua-tion des lieux, le voifinage de

la Mer, d'un Etang, d'une Riviere, d'une Montagne, &c. produira une grande variation dans
la direction & les qualités des
vents qui foufflent fur un certain païs ; de forte par exemple
qu'à l'égard d'un certain païs le
vent d'Orient au lieu d'être
fec fera humide, parce que ce
lieu aura à fon Orient un Lac
qui fournira une grande quantité de vapeurs ; qu'au lieu de
fouffler vers l'Occident, il fouf-
flera vers le Nord ou vers le Sud,
à caufe de certaines montagnes,
contre lefquelles il fe réfléchi-
ra, & qui le renverront obliquement, &c.

6°. Mais il me femble que tous
ces mouvemens directs, & qui ne
font produits que par la rarefaction fucceffive d'un air qui
n'eft point renfermé, & qui peut
s'étendre fans obftacle à mefure
qu'il fe rarefie, ce qu'il ne peut

faire que fucceffivement durant
le cours du Soleil, ne nous donnent l'idée que de ce qu'on nomme *Zephire* ; & qu'ils ne font pas
feuls capables de nous fournir
l'idée jufte & complette de ce
qu'on nomme ordinairement
Vent ; d'un vent qui fouffle fouvent fans interruption durant
plufieurs jours avec une très-
grande force, qui augmente,
qui diminuë, qui redouble fans
prefqu'aucune relation au cours
journalier du Soleil.

IV. L'experience apprend que
la chaleur caufée par les rayons
du Soleil, qui tombent fur la fuperficie de la Terre, ne pénétre
que jufqu'à trois ou quatre pieds
de profondeur, & que lorfqu'on
creufe plus avant on reffent d'a-
bord un froid extrême ; mais
qu'enfuite fi l'on continuë de
creufer, le froid diminuë, & on
fent de la chaleur, qui augmente

de telle forte, que ceux qui tra-
vaillent dans les mines, & qui
font à plus de deux ou trois cens
toifes de profondeur, éprouvent
un degré de chaleur affez fort
pour élever dans l'air des vapeurs
& des exhalaifons capables de
colorer la flame d'une chandelle.
Il y a donc dans les entrailles
de la Terre un principe de
chaleur ou de mouvement capable d'élever jufqu'auprès de fa
fuperficie des particules de fou-
fres, de fels, de métaux, &c.
dont la terre que l'on retire des
mines eft comme toute imbibée ;
lefquelles s'élevant du fond de la
Terre en forme de vapeurs peuvent s'entremêler de telle forte
qu'elles produiront dans des
creux fouterrains, des fermentations violentes, des rarefactions fubites, qui fecoüant tout ce qui les
environne & qui leur fait réfiftance, feront capables de caufer

ce qu'on nome un *Tremblement de terre.* Ou qui fortant par des crevalles, par des foupiraux, répandront dans l'air des vapeurs, des exhalaifons, des fumées, & quelquefois des flames ardentes ; comme il en fort du fommet de certaines montagnes, qu'on nomme *Volcans.*

Car M. Lemery (Mem. de l'Ac. 1700.) a expérimenté, qu'après avoir fait un mélange de parties égales de limaille de fer & de foufre pulverifé, réduit le mélange en pâte avec de l'eau, & l'avoir laiffé en digeftion fans feu pendant deux ou trois heures ; il s'eft fait une fermentation & un gonflement confiderable, qui fendoit la pâte en plufieurs endroits, & y faifoit des crevalles par où fortoient des fumées, qui s'enflamoient lorfque la maffe étoit de 30 ou 40 livres.

V. Mais quelques grandes que

puissent être supposées les vapeurs & les exhalaisons souterraines, on ne peut concevoir
que les fermentations qui les pro-
duisent puissent être ni si fréquentes, ni si abondantes, ni
d'une assez longue durée pour
fournir seules immediatement
une aussi grande quantité d'air
que les Vents les plus ordinaires en répandent en long & en
large avec une impétuosité sur-
prenante sur une Province entiere. Et le cours d'un Torrent,
d'un Fleuve, d'une Riviere, la
chûte des Nuës, &c. seroient-ils
capables de produire immediatement un tel effet ? Il n'y a dans
tout cela aucune apparence.

Je ne dis pas que la rarefaction de l'air causée par la chaleur du Soleil, ni que les vapeurs & les exhalaisons qui sortent des cavernes souterraines,
&c. ne contribuent à la formation

tion des vents ; mais je prétens qu'il eſt impoſſible de concevoir qu'un vent du Nord par exemple, ſouffle durant pluſieurs jours ſur une vaſte région , & qu'une ſi grande quantité d'air puiſſe s'écouler du Nord, au Sud avec une ſi grande viteſſe, en raſant la ſuperficie de la Terre; ſi l'on ne conçoit en même tems qu'une pareille quantité d'air s'écoule du Sud au Nord, en paſſant par la moyenne région de l'air. Car ce mouvement circulaire qui ſe préſente ici, ſi naturellement à l'eſprit, & qu'on a ſi peu conſideré dans la déter-mination de la cauſe immédia-te des vents, ne peut être qu'un vrai tourbillon d'air produit par quelqu'une des cauſes précéden-tes,& qui continuë enſuite de lui-même à circuler juſqu'à ce qu'il ſe diſſipe entierement , faute des

D d

conditions nécessaires à sa conservation.

Le Tourbillon est donc la forme principale, la cause prochaine de ce que nous nommons *Vent.* C. Q. F. D.

PROPOSITION III.

Les principales singularités des Vents peuvent toutes se déduire mécaniquement de l'idée du Tourbillon d'air, que nous venons de décrire.

I. Le vent du Nord en particulier est donc un Tourbillon d'air d'une grandeur considerable, dont l'axe est parallele à l'horison & perpendiculaire au Méridien du lieu où il soufle, se mouvant par le bas du Nord au Sud, & par le haut du Sud au Nord, & dont le centre étant fort élevé sur l'horison se trouve

fitué entre le Zenit de ce lieu
& l'Equateur.

Mais comme le même vent
ne foufle pas en même tems dans
toutes les régions de la Terre,
on doit penfer que le tourbillon de vent dont nous venons
de faire la defcription, eft communément environné de plufieurs autres tourbillons femblables de vents qui fouflent fur
d'autres contrées, & qui balan-
cent l'effort continuel que celui-
ci fait pour s'étendre de toutes
parts.

Car il fuit de là, 1°. Que le
vent de Nord fouflera de *haut en
bas*, à caufe que le centre du
tourbillon eft entre le Zenit &
l'Equateur, & que fa direction
ne fera parallele à l'horifon
qu'en un point vers le Sud,
dont le Zenit fera à quelque diftance du Zenit du lieu dont nous
parlons. 2°. Qu'il fera *froid* à

cauſe des particules d'eau glacées qu'il entrainera de la moyenne région de l'air ſur la ſuperficie de la Terre. 3°. Qu'il ſera *fort*, à cauſe que les petits tourbillons de l'air qu'il entraine étant beaucoup plus petits qu'à l'ordinaire, & leurs pores beaucoup plus reſſerrés, les molécules d'eau glacées contenuës dans ces pores étant dures, peſantes, & voiſines les unes des autres, l'air qui forme ce vent fera une forte impreſſion ſur nos corps. 4°. Ce vent ſera *ſec*, à cauſe que les glaçons qu'il entraine n'auront pas occaſion de ſe fondre dans un air qu'ils auront extrêmement rafraichi. 5°. Il ſera plus conſtant que les autres, à cauſe du poids que ces molécules de glace communiquent à tout le tourbillon qui les entraine, ce qui eſt cauſe qu'il ne pourra être ſi facilement retiré de ſa ſituation

par les autres tourbillons de vent
qui l'environnent. 6°. Ce même
vent fera d'autant plus violent
& impétueux que le tourbillon
qui le forme fera plus petit &
plus refferré. D'où il fuit qu'il fera ordinairement plus fort durant le jour que durant la nuit ;
parce que durant le jour il fera
refferré par le vent de Midi, produit par la chaleur du Soleil, qui
le repouffe vers le Nord : au lieu
que durant la nuit, n'ayant plus
cet obftacle à vaincre, il s'étendra fort au loin vers le Sud ,
& s'étendant , il perdra beaucoup de fa viteffe & de fa force.

II. Si l'axe du tourbillon d'air
dont nous venons de parler pouffé par ceux qui l'environnent &
qui fouflent dans les contrées
voifines , ou par quelqu'autre
tourbillon d'air fenfible qui fe
formera entr'eux , par l'éruption

de quelque exhalaifon ou l'érec-
tion de quelque broüillard, demeurant toujours parallele fur
l'horifon, vient à s'incliner fur
le plan du méridien du lieu fur
lequel il régne en s'éloignant
de l'Eft ou de l'Oüeft ; alors ce
même vent de Nord, deviendra
Nord-oüeft, on Nord-eft.

III. Si ce même tourbillon
d'air au lieu de tourner par en
bas du Nord au Sud, tourne
du Sud au Nord ; ce fera alors
un vent de Midi ou de Sud qui
nous emmenera la pluye, à
caufe que les glaçons dont l'air
qui formera ce vent fera chargé,
auront lieu de fe fondre en paf-
fant fur des terres échauffées
par les rayons du Soleil avant
que de venir vers nous. Et comme il fouflera de bas en haut
& rafera la fuperficie de la terre
échauffée par la chaleur du jour,
il entrainera néceffairement les

vapeurs & les exhalaisons, il les transportera sur nos têtes, & couvrira le ciel de nuages.

IV. Si l'axe de ce vent de Midi demeurant toujours parallele à l'horifon, vient a s'incliner fur le plan du méridien du lieu, en s'éloignant de l'Eft ou de l'Oüeft, alors ce vent de Sud deviendra Sud-oüeft, ou Sud-eft.

V. Si ce grand tourbillon d'air contient dans fon étenduë un autre tourbillon plus petit, (comme le tourbillon de la Terre contient celui de la Lune), ce tourbillon fubalterne de vent circulant dans l'Equateur du grand, augmentera confiderablement la force du vent, lorfqu'il viendra rafer la fuperficie de la Terre, ou qu'il paffera entre deux montagnes ; & la force du vent diminuëra peu à peu à mefure que le tourbillon fubalterne s'éloignera de la Terre en

continuant ſa circulation par le
Zenit, pour revenir peu de tems
après raſer de nouveau la Terre;
ce qui exprime au naturel ces
Bouffées de vent périodiques,
dont la cauſe avoit paru juſqu'à
préſent ſi difficile à déterminer.
Si le grand tourbillon de vent
renferme deux ou pluſieurs petits tourbillons ſubalternes, les
Bouffées feront irrégulieres, tant
dans leur durée que dans leur
force, ſuivant que ces tourbillons ſubalternes feront plus ou
moins grands, plus ou moins diſ-
tans l'un de l'autre, & plus ou
moins voiſins du centre du tourbillon principal.

V I. Si par hazard quelqu'un
de ces tourbillons ſubalternes
en circulant autour du grand
tourbillon de vent, rencontre
un grand arbre, & qu'il arrive
dans ce moment que l'axe du petit tourbillon ſoit perpendicu-

laire à l'horizon , ce tourbillon tordra l'arbre , le fendra , le déracinera. Ainsi un Ouragan , un vent qui porte le ravage dans les païs qu'il traverse , ne sera autre chose qu'un grand tourbillon d'air qui entrainera un grand nombre de tourbillons subalternes qui renverseront par leurs mouvemens circulaires , tout ce qu'ils rencontreront qui pourra leur faire quelque résistance ; mais ces vents se dissiperont bientôt à cause que rien ne résistant à leurs mouvemens circulaires , ces tourbillons accumulés se détruiront d'eux-mêmes en s'agrandissant de plus en plus.

REMARQUE.

On a souvent observé sur la Garonne proche de Bordeaux , dans le Lac de Geneve , & dans la Mer des Indes , le tems étant

serain & l'air tranquile, que des
endroits de la mer boüillonnoient
tout-à-coup, que l'eau devenoit
tiéde, même au fort de l'hiver,&
qu'il fortoit du fond de la mer
un broüillard en forme de fumée, qui s'élevant bien haut dans
la moyenne région, étoit fuivi
d'un Tiphon, d'une Tourmente
terrible.

Or il me femble que c'eſt terriblement abuſer de la credulité
des hommes que d'attribuer un
tel effet à la ſimple chûte de la
nuée que ce broüillard a formé
dans l'air, comme on le fait ordinairement. On conçoit bien
plutôt que le grand mouvement
qui s'excite alors dans l'air procede de ce que les exhalaiſons
qui ſortent des entrailles de la
Terre ſituées au fond de la mer,
cauſées par une forte fermentation, étant contraintes par la ré-
ſiſtance de l'air à tourner autour

de plufieurs centres , forment plufieurs tourbillons entaffés les uns fur les autres ; lefquels après s'être élevés bien haut fur l'horifon , s'étendent de toutes parts en s'entrepouffant les uns les autres , & produifent par ce moyen cette multitude de vents variés que l'on éprouve dans la tourmente.

Les Trompes , ces colonnes de fumée noire , qui fortent de la mer , & que l'on voit de loin s'élancer & s'élever dans l'air en tournant rapidement fur leur axe avec un bruit fourd comme celui d'un torrent , accompagné d'un boüillonnement de l'eau , & qui entrainant un vaiffeau qui fe rencontre malheureufement à leur voifinage , brifent fes voiles , foulevent le vaiffeau , qui en retombant par fon propre poids s'enfevelit dans les ondes ; ces Trompes , dis - je , font

une preuve fenfible que les effets
dont nous parlons , procedent du
mouvement circulaire.

PROPOSITION IV.

*L'opinion de Defcartes fur la caufe
du Tonnerre & des Eclairs ne répond en aucune forte aux obfervation , qu'on a faites depuis
fur ces Météores.*

Mon deffein n'étant pas dans
ces Leçons d'entrer dans un grand
détail de Phifique , mais feulement de montrer de quelle façon
les principaux phénomenes de la
nature dépendent du mouvement circulaire ; je ne m'arrêterai pas ici à expliquer fort au
long & dans le détail toutes les
fingularités qui arrivent dans les
Orages. Ce fujet ayant d'ailleurs
été traité avec foin par le R. P.
de Lozeran, de la Compagnie de
Jefus, dans une Differtation fur

la caufe & la nature du Tonnerre
& des Eclairs.   Ce Phificien habile , qui a comme moi fait ufage
du principe des petits tourbillons,
a développé toute cette matiere
avec tant de netteté , & l'a con-
firmée par tant d'obfervations fi
bien circonftanciées , qu'il me
fuffira de faire ici comme un extrait de fon Ouvrage. Voici les
obfervations qu'il rapporte.

    I. C'eft une chofe conftante
parmi les habitans des Alpes &
des Pirennées, qu'au haut de ces
montagnes on joüit fouvent du
ciel le plus ferain , tandis qu'on
voit fous fes pieds des orages
épouventables qui ravagent les
campagnes, & que fur ces hauteurs on a à craindre , non pas
la foudre , qui peut y tomber ,
mais celle qui peut y monter ;
parce que les nuës, ou plutôt les
broüillards où fe forment les orages au-deffous de ces hauteurs

lancent très-souvent le Tonnerre.

II. Il est rapporté dans l'Hist. de l'Acad. qu'en l'année 1717. au Quesnoy le tems étant fort couvert, les nuages baisserent au point qu'ils paroissoient toucher les maisons ; qu'un tourbillon ou globe de feu parut dans le nuage au milieu de la Place , alla avec l'éclat d'un coup de canon se briser contre la Tour de l'Eglise , & se répandre sur la Place comme une pluye de feu ; après quoi la chose arriva encore au même lieu.

III. Un homme étant parti d'Aurillac, petite Ville d'Auvergne, par le plus beau tems & le plus chaud , il n'eut pas plutôt gagné une petite montagne fort voisine , où il souffroit beaucoup du chaud, qu'il vit un brouillard se former sur la Ville & bientôt y éclater en Tonnerres. De sorte qu'il lui sembloit que les

ruës étoient pleines de canons qui
tiroient sans cesse. Le nuage qui,
dans tout ce fracas, ne tenoit pas
plus d'espace que la Ville même,
& paroissoit à peine surmonter
les maisons, s'éleva peu à peu,
s'étendit au large, & bien-tôt se
dissipa tout-à-fait.

IV. Un homme versé dans la
connoissance de la nature faisant un voyage en Auvergne,
traversoit le Cantal, une des plus
hautes montagnes de la France.
Au milieu de la montagne il
se trouva investi d'un broüillard
épais, dont les globules étoient
très-sensibles, il apperçut dans
ces globules un boüillonnement
si extraordinaire, & si impétueux
qu'il en fut effrayé. Il se hâta
de s'en tirer, & à peine fut-il
arrivé au haut de la montagne,
où il joüissoit du tems le plus serain, qu'il entendit sous ses pieds
vers le milieu de la côte, un bruit

effroyable de Tonnerres, qui le firent trembler.

V. Un autre allant en Auvergne, eut la curiofité de monter fur le Puy de Dome, montagne devenuë célébre par les expériences qu'on y a faites fur la pefanteur de l'air. Du haut de la montagne la vûë fe perd dans une plaine d'une étenduë immenfe, couverte d'une infinité de Villes & de Villages. Quand il y fut arrivé, il fut bien étonné de ne plus voir de plaine, mais une grande mer qui venoit battre le milieu de la montagne, & dont les flots irréguliers fe chaffoient les uns les autres en mille fens différens. C'étoit une nuée qui lui déroboit la vûë de toutes les terres qu'elle couvroit ; mais le fpectacle magnifique que lui préfentoit cette nuée, le dédommageoit avantageufement de ce qu'elle lui faifoit perdre. Une

mer

mer courroucée par la plus violente tempête que ſes flots couvrent ſans ceſſe d'une écume
blanchiſſante, n'a rien de ſi frappant. Les rayons du Soleil, qui
dardoient à plomb ſur la nuë,
lui en faiſoient voir tous les flots
& les divers mouvemens, les
éclairs qui la ſillonnoient de tous
côtés, & les tonnerres qu'il y entendoit par tout retentir, réveil-
loïent l'attention, & augmen-
toient infiniment la beauté du
ſpectacle. Il en fut ſi charmé,
qu'il ne put ſe tirer de là que
quelques heures après lorſque
tout ce grand phénomene eut diſ-
paru. Vers la fin il vit le mouvement diminuer de beaucoup,
& les éclairs devenir plus rares.
A meſure que les flots dimi-
nuoient la nuë ſe hauſſoit & s'é-
clairciſſoit, inſenſiblement elle
ſe diſſipa & lui laiſſa voir tous les
charmes d'une des plus belles

E e

campagnes qui foient au monde.

VI. Un autre Voyageur plus hardi, a raconté que le 2 du mois de Septembre de l'année 1716. vers les trois heures après midi, defcendant avec un homme du païs du haut du Cantal pour aller aux Eaux de Vic, le tems étant ferein & très-chaud, ils apperçurent en bas vers le milieu de la montagne, un broüillard qui couvroit tout le valon. Au-deffus du broüillard s'élevoient quantité de feux, d'autres ferpentoient dans la nuée. Ceux qui s'élevoient alloient en pointe, à peu près comme le fer d'une lance. On entendoit en même tems un grand bruit, quoique moindre que le bruit ordinaire du Tonnerre. Lorfqu'ils furent prêts d'entrer dans la nuë, la varieté & les divers mouvemens de ces feux qui reffembloient tantôt à des gerbes de fufées, tantôt à des ferpentaux qui coupoient la nuée en mille fens différens, offroient à fes yeux un objet très-agréable. La nuë elle-même lui donnoit un affez beau fpectacle par les ondées qui paroiffoient fur fa furface, femblables à celles qu'on voit, lorfque le vent fouffle dans les champs où le bled eft prêt à moiffonner, excepté que les ondées de cette nuée n'étoient pas régulieres comme celles de la moiffon, ni toujours dans le même fens. Quand ils furent près de la nuée, ils fentirent l'air devenir froid, & encore plus froid quand ils y furent entrés. Il trouva le broüillard fi épais, qu'il ne voyoit pas fon cheval, qu'il menoit par la bride ; mais cela n'empêcha pas qu'il ne vît quantité de corps globuleux qui voltigeoient dans la nuë, les uns allant d'un côté, les autres de l'autre. Ceux qui avoient le plus de

viteſſe faiſoient reculer les autres qui venoient à leur rencontre ; mais ſans les choquer immédiatement. Leur couleur étoit
rougeâtre & obſcure, ſemblable
à celle du ſoufre allumé. Ils tour-
noient avec beaucoup de rapidité autour de leurs centres, il
y en avoit de grands & de petits. Il en vit un petit croître con-
ſiderablement en fort peu de
tems. Lorſque ces boules paſ-
ſoient, il tomboit des goutes de
pluye aux environs. Juſques là
rien ne l'avoit épouventé, lorſqu'il vit un de ces globes qui
pouvoit avoir environ deux pieds
de diametre, s'ouvrir à ſept ou
huit pas de lui, & laiſſer couler
en s'ouvrant une flame très-belle,
dont une partie alla en bas, l'autre en haut, & d'autres parties en
divers ſens, avec une rapidité
très - grande. En s'ouvrant ce
globe fit un bruit pareil à celui

d'une livre de poudre à canon qu'on jetteroit dans le feu, qui s'enflama & s'écarta rudement. Ils commencerent à humer un air infecté, ce qui les épouventa enfin terriblement. Les parties séparées de la boule s'étendirent en devenant plus claires, & disparurent bien vîte. A mesure qu'ils descendoient plus bas les petites parties de la nuée étoient plus sensibles, & les moüilloient davantage. Quand ils furent hors de la nuée, ils voyoient tomber des goutes fort grosses ; mais qui n'avoient point de force. Ils entendoient toujours gronder le Tonnerre & avec beaucoup plus de bruit que lorsqu'ils étoient au-dessus de la nuée. Les éclairs de même leur paroissoient avoir beaucoup plus d'éclat & de vivacité.

Selon Descartes & la plûpart des Cartésiens, les nuës ne

font que des couches de glaçons très-minces placées & foûtenuës les unes au-deſſus des autres. Le bruit du tonnerre, quand il n'y a point d'éclair qui l'accompagne, eſt produit ſelon eux par la chûte d'une nuë ſur l'autre, ou par la ſubite dilatation de l'air enfermé & preſſé entre deux nuës, qui ſe ſont approchées par les bords. Et lorſqu'il y a un éclair le bruit ſelon quelques-uns dépend toujours du choc des nuës, & l'éclair de l'inflammation des exhalaiſons, & ſelon d'autres le bruit & l'éclair dépendent également de l'inflammation des exhalaiſons enfermées entre deux nuës qui ſe ſont approchées par les extrémités, cauſée par les divers mouvemens de l'air enfermé & preſſé entre ces nuës.

Mais toutes ces explications font évidemment convaincuës

de faux par les obſervations précédentes. Car par la quatriéme
une nuë féconde en tonnerres
& en éclairs eſt compoſée de petits globules comme les broüillards que nous voyons quelquefois le matin autour de nous ; ce
qui ne comporte pas l'état de glace qu'on leur attribuë ; d'autant
que par la troiſiéme obſervation
la nuë qui éclate en tonnerres, ſe
forme dans le tems du jour le
plus chaud, & que par la feconde
le tonnerre ſe forme dans une
nuë abaiſſées juſqu'à terre ; c'eſt-
à-dire, dans un veritable broüillard, dont les petites parties n'é-
toient pas aſſurément glacées,
& ne formoient pas de couches
minces par leur adhéſion mutuelle. Par la cinquiéme & ſixié-
me obſervation, les nuës pendant
l'orage, ſemblables à une mer
irritée, forment par tout ſur
leur ſurface des flots qui ſe pouſ-

fent & elles paroiffent dans un mouvement très-violent; ce qui ne fçauroit convenit avec les prétendus glaçons, ni avec les couches minces qui tombent les unes fur les autres. D'ailleurs quelle proportion peut-il y avoir entre le bruit du tonnerre & le choc de deux corps auffi minces & auffi rares que doivent l'être les nuées qui ne fe foutiennent en l'air qu'à caufe de leur rareté? A-t'on jamais éprouvé que deux courans de fumée qui fortent de deux tuyaux de cheminée venant à fe heurter, produifent un bruit femblable ou approchant? On ne peut le concevoir fans renverfer en même tems toutes les idées du mécanifme.

PROPOSITION V.

Les Orages, les Tempêtes, les Pluyes, les Neiges, la Grêle, les Eclairs, les Tonnerres, &c. font des effets qui

qui se déduisent sans peine du mouvement circulaire.

Si l'on est attentif à la façon dont un Orage se forme, au vent qui le précéde, qui le produit & qui l'accompagne toujours, on concevra sans peine que ce qui sert de fondement à ce méteore n'est autre chose qu'un grand tourbillon d'air, dont l'axe est perpendiculaire à l'horizon du lieu où l'Orage se forme. Car il suit de là,

1°. Que ce tourbillon d'air tournant horizontalement, entrainera peu à peu vers le zenit tous les broüillards qui pourront se rencontrer aux environs de ce lieu sur la superficie de la terre. Que ces broüillards s'arrangeant successivement les uns à côté des autres, & s'accumulant ensuite les uns sur les autres, couvriront enfin tout le ciel de nuages épais. Que ces nuages qui ne pouvant s'élever que jusqu'à une certaine hauteur, à cause de la grandeur & du poids des molécules d'eau qu'ils contiennent , ainsi que nous l'avons déja expliqué (Pr. 1) ; & étant poussés du centre vers la superficie par le mouvement circulaire du tourbillon d'air dont nous venons de parler ; ces broüillards, dis-je, se condenseront de plus en plus, & de telle sorte que s'ils ne contiennent que des vapeurs (comme il arrive ordinairement en Hiver , où la chaleur produite par les rayons du Soleil n'a pas assez de force pour élever des exhalaisons) plusieurs particules d'eau dont ces broüillards devenus nuës, seront chargés , s'approcheront nécessairement les unes des autres en vertu de la compression que nous venons de décrire, s'uniront plufieurs enfemble , & devenuës par ce moyen trop groffes & trop pefantes pour pouvoir être defor-mais foutenuës dans les pores de l'air , elles tomberont néceffai-rement fur la fuperficie de la Terre en forme de *Pluye.*

2°. Que fi , dans ces mêmes cir-conftances, il arrive que les mo-lécules d'eau , qui forment les broüillards & les nuës dont nous parlons, font beaucoup plus peti-tes qu'à l'ordinaire, & qu'en con-féquence elles ayent pû monter plus haut que de coutume, & par de-là le fommet des plus hautes montagnes , où l'air eft beaucoup plus froid que celui qui eft plus voifin de la fuperfi-cie de la Terre , & que par con-féquent elles ayent été réduites en petits glaçons ; on conçoit alors que le tourbillon du vent horizontal dont nous avons d'a-bord parlé , comprimant ces glaçons répandus dans les pores de l'air, les unira les uns aux autres en plusieurs tas ou flocons, qui devenant trop gros & trop pesans pour pouvoir être soutenus dans les pores de l'air, tomberont sur la superficie de la Terre en forme de *Neige*.

3°. Mais si les Broüillards que ce vent horizontal entraine & éleve sur nos têtes en forme de nuës, sont chargés d'exhalaisons, comme il arrive ordinairement au Printems, en Eté, en Automne ; alors on conçoit que les molécules aqueuses qui forment le broüillard étant chargées de particules graisseuses & salines, diminuëront peu à peu de volume à cause que les particules d'eau qu'elles contiennent étant insensiblement entrainées par la vertu dissolvante de l'air, ou le mouvement circulaire de ses particules, & plus disposées à s'insinuer dans les endroits les plus étroits *n*, *l*, *p*, (fig. 21) de ses pores ; se dégageront peu à peu de ces molécules , lesquelles demeurant au centre *r* de ces pores , pourront être comparées aux molécules d'une Eau-forte extrémement rectifiée. D'où il suit que l'amas de ces molécules étant comprimé de bas en haut par l'action du vent horizontal qui forme l'orage, & de haut en bas par le poids de ces mêmes molécules, elles seront contraintes de s'approcher les unes des autres, & de former comme une espece de liqueur heterogene , dans laquelle il arrivera nécessairement des fermentations & des ébullitions pareilles à celles qui sont rapportées ci dessus dans la quatriéme Observation. De telle sorte qu'il se formera dans tout cet espace rare un nombre prodigieux de bulles, qui seront

tout autant de tourbillons fenfibles qui entraîneront autour
de leurs centres un grand nombre de ces molécules.

4°. Or il n'eft pas poffible que
dans le nombre innombrable de
cespetits tourbillons produits tu-
multueufement par l'ébullition
dont nous venons de parler, il
n'y en ait pas quelques-uns qui
s'agrandiflent confiderablements
ce qui produira d'abord fur la
furperficie de la nuë, ces mouvemens irréguliers & en forme
de vagues. , dont il eft parlé dans
la 5e & la 6e Obfervation, &
enfuite une grande compreffion
tant dans les pores de l'air qui
les environne, que dans les pores
de l'air qui forment ces tourbillons. D'où il fuit que les particules d'eau que ces pores de l'air
contiennent en fortiront abondamment, s'uniront plufieurs
enfemble, & tomberont fur la
fuperficie de la Terre en gouttes

de Pluye, d'autant plus grosses, qu'elles tomberont de plus haut & qu'elles auront plus d'occasion de s'unir en plus grand nombre, supposé qu'elles ne rencontrent pas dans leur route un air froid qui puisse les congeler & les réduire en forme de *Grêle*.

5°. D'ailleurs les tourbillons qui se feront considerablement agrandis dans la nuë, s'étant chargés d'une part de molécules d'eau qui s'insinuent avec facilité dans les endroits les plus étroits n, l, p, (fig. 21) des pores de l'air ; & d'une autre part des molécules grasses, qui n'occupent que le centre r de ces pores ; il arrivera que dans ces tourbillons l'air chargé de molécules d'eau, étant plus dense & plus pesant, s'approchera de la superficie, tandis que celui qui ne sera chargé que de molécules grasses, sera repoussé au cen-

tre, où il fera extrêmement comprimé. D'où il fuit que ces molécules graffes compofées de particules hétérogenes, huileufes,
falines, métalliques, &c. fe dé-
chargeront de plus en plus des
particules aqueufes qu'elles contiennent, lefquelles s'échaperont par les endroits n, l, p, les
plus étroits des pores de l'air. Et
que les molécules graffes compoferont comme un mélange
d'eau forte de différente efpece
extrémement rarefiée, dans laquelle il s'excitera néceffairement, ainfi que nous l'avons
expliqué fort au long dans les
Leçons précédentes, des ébullitions, des effervefcences, des em-
brafemens enfin, qui feront paroître les centres de ces tourbillons femblables à des globes
de feu, comme il eft rapporté
dans la cinquiéme & fixiéme obfervation de la Propofition pré-

cédente. De forte que la matiere de ces feux & de ces flames
ardentes, fe dévelopant & fe rarefiant de plus en plus, comme
il arrive à la poudre à canon
que l'on met dans une mine, &
qui ne prend feu que fucceffivement, vaincra à la fin tous les
obftacles qui la retiennent, &
fortant avec impétuofité par l'endroit le plus foible du tourbillon
qui fait effort pour la retenir
dans fon centre, produira ce
qu'on nomme un *Eclair*, & un
coup de *Tonnerre*.

6°. S'il arrive que durant tout
ce tumulte & l'ébranlement que
le Tonnerre caufe dans toutes
les parties de l'air contenu dans
la nuë: ce qui doit produire un
redoublement de pluye ; il fe
foit d'abord formé une couche
inférieure d'eau , dont la fraîcheur caufée par les particules
de nitre & autres fels volatils ,

que le broüillard a enlevé, lefquelles à raifon de leurs poids
ne doivent pas être montées fi
haut que les particules aqueufes
& fulfureufes dont nous venons
de parler ; s'il arrive, dis-je, que la
fraîcheur de cet air foit capable
de congeler les goutes d'eau que
l'ébranlement, produit par le tonnerre, fait tomber de tous les
pores de l'air contenu dans la
nuë, ces goutes d'eau tomberont fur la terre en forme de
Gréle.

Et fi l'on fait attention qu'un
corps pefant, lorfqu'il commence à tomber, va beaucoup plus
lentement qu'il ne fait dans la
fuite, & qu'il augmente fa viteffe
à chaque inftant, on verra que
felon que le tonnerre fe formera dans un lieu de la nuë plus ou
moins élevê, & que par conféquent les premieres goutes d'eau
qui fe détachent de la nuë fe

feront plus ou moins élevées, les goutes d'eau qui entreront dans l'air froid dont nous venons de parler, feront plus ou moins grosses, par la raifon que fi les goutes d'eau qui tombent les premieres font plus élevées, elles iront plus vîte que les fecondes, & les fecondes que les troifiémes, & ainfi de fuite. D'où il fuit qu'elles auront occafion de fe réunir plufieurs enfemble avant que d'entrer dans la couche d'air froid qui les congele,& de former par conféquent des grains de grêle d'autant plus gros que la chûte des premieres goutes d'eau aura commencé de plus haut. Au lieu que fi les goutes d'eau qui tombent les premieres font moins élevées, elles iront toujours plus vîte que celles qui tomberont d'un lieu plus haut. De forte que ces goutes ne fe réüniffant point avant que d'entrer

dans l'air froid qui les congele ;
ne formeront que des grains de
grêle d'autant plus petits que les
goutes d'eau seront tombées d'un
lieu de la nuë plus voisin de la
superficie inferieure.

7°. Or il est à remarquer que
durant tout le tumulte que produit le Tonnerre, quelques-uns
des tourbillons, au centre desquels il se forme ordinairement,
n'étant plus comprimés ni retenus par ceux qui ont éclaté, &
se sont par conséquent dispersés
& dissipés; ces tourbillons, dis-je,
pourront s'agrandir si prodigieusement, qu'étant entraînés par
le tourbillon fondamental de l'o-
rage, & à la superficie duquel ces
effets prodigieux se forment, que
ces tourbillons produiront sur
la superficie de la terre ou de la
mer, cette grande diversité de
vents qui soufflent de tous côtés,
à qui on a donné le nom d'*Ou-*

ragan, de *Tempéte*, de *Tourmente*, &c. qui rompent les voiles des vaiſſeaux, déracinent les
arbres, cauſent un ravage général dans les campagnes, & ne
durent que peu de tems, ou que
juſqu'à ce qu'à force de s'agrandir ils ſe diſſipent entierement,
ou ſe réduiſent en un ſeul grand
tourbillon de vent qui ſouflera
tantôt d'un côté de l'horizon &
tantôt de l'autre.

Or s'il arrive que quelqu'un
de ces grands tourbillons qui
ſortent de la nuë où les tonnerres ſe forment, & qui s'étendent
juſqu'auprès de la ſuperficie de
la terre, ait entraîné en s'agran-
diſſant quelqu'un des tourbillons qui contiennent ces globes
de feu, d'où naiſſent les Tonnerres; alors il eſt évident que
le tonnerre, qui n'éclate ordinairement que dans la nuë, pourra
le faire tout auprès de nous par

la raiſon que ce globe de feu
entrainé par ce tourbillon de
vent après avoir achevé de s'em-
braſer , pourra rompre le tourbillon ſubalterne qui le contient,
au moment que le grand tourbillon de vent qui l'entraîne , le
tranſportera près de la ſuperficie
de la terre ; & voilà le cas où
l'on dit que le Tonnerre eſt
tombé. Si la matiere enflamée
s'écoule par l'axe du tourbil-
billon qui la contient , elle produira une longue trainée de flames. Si le tourbillon créve par
quelqu'autre endroit , la flame ſe
répandra irrégulierement comme une pluye de feu, &c.

REMARQUES.

Le bruit du tonnerre eſt ordinairement cauſé par la compreſſion qu'il excite dans les tourbillons d'air que la nuée, qu'il
ſemble ouvrir contient, & qui

en se rétablissant repousse l'air vers nos oreilles, comme autant d'échos différens. Mais ce bruit est aussi quelquefois augmenté & redoublé par les échos que les montagnes voisines lui fournissent. On voit l'éclair avant que d'entendre le bruit, lorsque le lieu où le tonnerre éclate est éloigné de nous, par la raison que la lumiere se répand beaucoup plus vîte que le son; mais le bruit suit de près l'éclair lorsque ce lieu est proche. Les coups de tonnerre sont suivis d'un redoublement de pluye lorsque les nuées sont rassemblées, parce qu'alors la compression est mutuelle. Mais lorsque l'orage n'est point encore entierement formé, la compression de l'air que produit le tonnerre ne sert alors qu'à étendre la nuée, & il peut tonner sans que la pluye tombe. Il tonne quelquefois en Hiver, mais le cas eſt rare ; parce qu'ordinairement dans cette ſaiſon il ne s'éleve que fort peu d'exhalaiſons. En Eté les vapeurs & les exhalaiſons s'élevent ordinairement ſi haut, qu'elles ne forment pas de nuës, où toutes les circonſtances néceſſaires à la production du Tonnerre, puiſſent facilement ſe rencontrer ; de ſorte qu'en cette ſaiſon ces exhalaiſons ne peuvent produire dans l'air que des feux folets au centre de quelque tourbillon d'air qui aura pû s'y former ; & dont le bruit qu'il doit produire en éclatant ne nous ſera pas renvoyé. Ce ne ſera donc principalement qu'au Printems & en Autonne ou dans les Etés fort temperés, que les nuages propres à la formation du tonnerre s'éleveront.

Il ne tonnera pas également dans tous les païs, parce qu'il y

en

en a où il se trouve plus d'exhalaisons propres à former le tonnerre qu'en d'autres. En Angleterre, par exemple, il y a beaucoup de mines qui prouvent la
grande quantité de soufre &
de divers sels qui sont dans les
entrailles de cette grande Isle.
On y brûle sans cesse du charbon
de pierre qui en est tout plein.
Il ne faut donc pas être surpris
qu'il y ait plus de tonnerres en
Angleterre qu'en France ; & dans
les païs montagneux où se trouvent ces mines, que dans les païs
plats.

On ne trouve souvent rien dans
le corps de ceux que le tonnerre
tuë subitement, si ce n'est que
leurs poumons sont affaissés : cela
vient de ce que la flame du tonnerre, qui n'est qu'un soufre
allumé, consomme en un instant dans les vesicules du pou-
mon l'air qui leur est nécessaire

pour conferver leur reffort ; ces veficules étant affaiffées, la circulation du fang ceffe, & l'animal meurt fur le champ.

PROPOSITION VI.

Les vents d'Orient qui régnent conftamment dans la Zone torride, procedent du mouvement journalier de la Terre d'Occident en Orient.

J'ai differé jufqu'à préfent de parler des vents perpetuels & periodiques qui régnent dans la Zone torride, parce qu'ils procedent d'une caufe toute différente de celles qui produifent les vents ordinaires dont nous venons de parler.

I. La Terre étant un corps dur, un des points de fon équateur ne peut pas employer moins de tems à faire fa révolution que les autres points voifins des

poles. Ainſi les points de l'équateur de la Terre ayant un beaucoup plus-long chemin à faire en
même tems que ceux qui ſont
voiſins du pole, iront beaucoup
plus vîte vers l'Orient : mais l'air
& l'eau qui ſont fluides ne peuvent avoir qu'un mouvement
moyen entre ces deux mouvemens.

D'où il ſuit que ſi dans nos
climats qui ſont ſitués entre le
pole & l'équateur, l'air ne circule
ni plus ni moins vîte que les
points de la Terre, auſquels il
correſpond ; c'eſt une néceſſité
que les points de la Terre ſitués
ſous la Zone torride aillent plus
vîte vers l'Orient que ne fait l'air
& l'eau.

On doit donc s'appercevoir
ſous la Zone torride d'un courant d'air & d'eau continuel
d'Orient en Occident, & qui
ſera cauſe que les vaiſſeaux qui

viennent de la Chine au Bresil emploiront beaucoup moins de tems à faire leur trajet que ceux qui iront du Bresil à la Chine.

II. Mais ce vent d'Orient ou d'Est doit devenir Nord-est, lorsque le Soleil s'approche du tropique du Cancer, ou qu'il est dans la partie Septentrionale du Monde ; parce qu'alors le Soleil en rarefiant l'air, le pousse du Sud au Nord. D'où il suit que le vent produit par ces deux causes ne peut être que moyen entre le Nord & l'Est.

Par une semblable raison, ce même vent d'Orient ou d'Est doit devenir Sud-est, lorsque le Soleil s'approche du Tropique du Capricorne, ou qu'il est dans la partie méridionale du Monde, ce sont les vents que l'on nomme *Alizés*.

III. Les vents Alizés venant frapper obliquement les côtes de

l'Amerique comprifes entre l'E-
quateur & le Tropique du Cancer, & y rencontrant des montagnes fort hautes, en font réfléchis, & y produifent fur l'O-
cean un vent d'Occident ou
d'Oueft, qui foufle conftamment par de-là le Tropique du
Cancer entre le 23ᵉ & le 40ᵉ degré de latitude.

I V. Enfin tous ces vents doivent être ordinairement plus
forts le jour que la nuit ; parce
que depuis que le Soleil fe leve
& même quelques heures avant
fon lever, jufqu'à ce qu'il foit
parvenu au méridien, ne ceffant
de rarefier l'air, le pouffe vers
l'Occident, & augmente par conféquent la force du vent continuel d'Orient produit par le mouvement de la Terre.

Au contraire, depuis que le
Soleil a paffé par le méridien jufqu'à ce qu'il fe couche & même

G g iij

quelques heures après son coucher ; le Soleil, dis-je, en rarefiant l'air, le pousse vers l'Orient
& diminuë par conséquent la
force du vent continuel d'Orient
produit par le mouvement de la
Terre.

V. Il régne sur la mer des Indes des vents périodiques qu'on
nomme *Moussons*, les moussons
d'Hyver qui souflent pendant six
mois, sont situés entre le Nord
& l'Est. Les moussons d'Eté qui
souflent pendant les six autres
mois, sont situés entre le Sud &
l'Ouest.

En considerant la situation
des côtes de la mer des Indes,
bornée du côté de l'Ouest ou de
l'Occident par les vastes régions
de l'Affrique, comprises entre
les deux tropiques ; & du côté du
Nord ou du Septentrion, par
celles de l'Asie, on conçoit,

1°. Que lorsque le Soleil passe

de la partie méridionale du Monde dans la feptentrionale, il doit
continuellement pouffer vers le
Septentrion l'air qu'il rarefie par
la chaleur qu'il y excite, ce qui
doit produire un vent de Sud ou
de Midi. Mais le Soleil échauffant auffi continuellement les
vaftes régions de l'Affrique, dont
les terres acquierent une chaleur
bien plus forte & bien plus conftante que ne fait là fuperficie de
la mer orientale, qui eft entre la
Chine & la nouvelle Hollande;
cette rarefaction de l'air fur les
terres d'Affrique fituées à l'Occident de la mer des Indes y doit
produire un vent d'Oüeft, ou du
couchant, plus fort alors que ne
peut être le vent d'Eft ou d'O-
rient produit par le mouvement
journalier de la Terre. D'où il
fuit évidemment que les Mouf-
fons d'Eté participant de ces
deux directions, doivent fouffler

du côté qui est entre le Sud &
l'Oüest.

2°. Au contraire, lorsque le
Soleil passe de la partie septentrionale du Monde dans la méridionale. Alors d'une part l'air
échauffé & rarefié durant six
mois par la présence du Soleil sur
les terres des Indes situées au
Septentrion à l'égard de la mer,
doit s'étendre nécessairement sur
sa superficie à mesure que le
Soleil recule vers le Sud, & y
produire un vent du Nord.
D'une autre part la rarefaction
de l'air répandu sur la superficie
des terres de l'Affrique situées
entre le Tropique du Cancer &
l'Equateur, doit beaucoup diminuer à mesure que le Soleil s'é-
loigne de leur Zénit. D'où il suit
que le vent continuel d'Orient
ou d'Est, causé par le mouvement journalier de la Terre,
n'étant plus dominé par le vent

d'Oüeſt , que les terres de l'Affrique échauffées fourniſſoient durant l'Eté , doit ſouffler durant
l'Hiver. D'où il réſulte enfin que
les Mouſſons d'Hyver doivent
ſouffler du côté qui eſt entre le
Nord & l'Eſt.

V I. La Lune qui produit des
effets ſi ſenſibles ſur les eaux
de la mer , dont le mouvement qu'elle y cauſe augmente
ou diminuë à notre égard , ſelon
qu'elle eſt plus ou moins voi-
ſine de notre Zénit , ne peut manquer ſans doute de produire
auſſi de pareils effets dans les
airs , & on doit par conséquent
la compter comme le Soleil pour
une des cauſes générales des eſpeces de vents , dont nous parlons ici ; & qui peuvent produire de grandes varietés dans les
vents ordinaires dont nous avons
d'abord parlé.

REMARQUE

Je ne m'étendrai pas davantage fur ce fujet ; car je n'ai pas entrepris de compofer un fyftême complet de Phifique. On peut voir fur ce point les entretiens du R. P. Rainaud , de la Compagnie de Jefus, qui a renfermé dans fon Ouvrage ce qu'il y a de plus curieux dans la Phifique. Je ne dirai rien des Méteores produits par la reflexion & la refraction de la lumiere , cela m'éloigneroit trop de mon objet principal ; je finirai donc ce Volume par le Mémoire fur l'Aiman , extrait des Regiftres de l'Académie de 1734. Et j'y joindrai quelques remarques fur les phénomenes de l'Electricité.

Fin de la treizieme Leçon.

LEÇON XIV.

NOUVELLE EXPLICATION

DU

MAGNETISME.

*Extrait des Regiſtres de l'Acadé-
mie Royale des Sciences du 20
Juin 1734.*

I.

RIEN n'eſt plus important à
la Phyſique que de ſimpli-
fier les hipotheſes, par là on évite
une infinité d'erreurs, qui augmentent les difficultés & les rendent inſurmontables. En mul-
tipliant les principes on imagine

des effets & des fuites d'effets qui n'ont jamais été, & que nous attribuons enfuite à des caufes qui n'ont pas plus de réalité , defquelles nous tirons des conféquences auffi peu fondées , & d'autant plus dangereufes qu'elles font plus générales ; ce qui rend la Nature abfolument inintelligible à notre égard.

Lorfque nous entreprenons d'expliquer un effet , nous le regardons comme s'il étoit le feul dans la nature dont il faille rendre raifon , & nons ne faifons non plus d'attention aux autres que s'ils n'exiftoient pas , d'où naiffent une infinité de contradictions dans le total de nos raifonnemens. Ici nous fupofons des moyens,parce qu'ils nous accommodent ; là nous les détruifons, parce qu'ils nous nuifent , & il eft difficile que nous puiffions d'abord faire autrement , à caufe

des bornes étroites de notre efprit, qui ne peut tout prévoir à
la fois. Mais enfuite il ne faut
pas en demeurer là, il faut comparer les explications des effets
les unes aux autres, en retrancher les moyens contradictoires,
leur en fubftituer d'autres qui
leurs foient communs, & pour
ne pas nous expofer à des re-
formes trop fréquentes, il faut
à chaque démarche que nous
faifons rabatre de nos fuppofitions tout ce qui en peut être
rabatu.

Les effets que nous confiderons dans l'Univers ne font pas
toujours tels que l'experience
paroît nous le dire; car nos fens
qui font les principaux juges que
nous employons dans l'obfervation, nous les déguifent & nous
portent à ajouter mille circonf-
tances à ces effets qui ne furent jamais, & qui renverfent

tout l'ordre de la nature.

Ptolomée, pour s'être trop attaché à suivre dans ses observations le jugement des sens, & les fortes impressions que le cours des Astres produisoit sur notre imagination, avoit rempli l'Univers d'une infinité de mouvemens, qu'on a cru très-réels durant un grand nombre de siécles, & qui ont arrêté tout court le progrês de la Physique; & Copernic ne les a heureusement fait disparoître depuis environ 2 cens ans, qu'à force de résister à ce qu'on nommoit *Expérience.* Il en est arrivé à peu près de même à légard du Magnetisme.

I I.

La disposition de la limaille de fer à l'entour d'une pierre d'Aiman, a porté Descartes à supposer autour de cette pierre un Tourbillon de matiere subtile, laquelle fortant d'un polé *A* (fig. 30) & décrivant dans l'air des lignes courbes *ACB*, *ADB*, rentroit dans l'aiman par un autre pole *B*, d'où elle retournoit en *A*, après avoir paſſé par des conduits imperceptibles ; & un autre tourbillon de la même matiere, laquelle fortant du pole *B* & décrivant dans l'air de pareilles lignes courbes *BCA*, *BDA* en fens contraires, rentroit dans l'aiman par le pole *A*, d'où elle retournoit en *B*, pour refaire fans ceſſe le même chemin.

Enfuite de cette fuppofition, Defcartes jugea que la matiere magnetique qui fortoit pas *A* & rentroit par *B* ne devoit pat pouvoir rentrer par *B* & fortir par *A*, ni réciproquement celle qui fortoit par *B* & rentroit par *A*, pouvoir rentrer par *B* & fortir par *A* ; ce qui le détermina à attribuer de certaines figures aux

pores de ce corps, de les confiderer comme des écrous, & les
petites parties de cette matiere
comme des vis tournées en divers
fens.

Et comme une pierre d'aiman
étant fufpenduë tournoit toujours un de fes poles *A* (fig. 30)
vers le pole Boreal de la terre,
& l'autre *B* vers le pole Auftral,
& que la même chofe arrivoit
à un petit aiman *ab* lorfqu'on le
pofoit dans le tourbillon *ACBD*
d'un grand aiman *AB* ; que le
petit *ab* tournoit fon pole *b* vers
A, & fon pole *a* vers *B*. Defcartes jugea avec raifon que la
Terre étoit un vrai aiman, &
en conclut qu'elle avoit un double tourbillon magnetique femblable à celui d'un aiman ordinaire ; & que nonobftant fa circulation autour de fon axe &
celle de fon atmofphere d'occident en orient , ces mêmes petits

tits corps en avoit un tout contraire du feptentrion au midi,
& du midi au feptentrion.

Enfin Defcartes ayant confideré que lorfqu'on pofoit un
morceau de fer *ba* dans le tourbillon de l'aiman *AB* (fig. 30) le
fer acqueroit à la longue la vertu de l'aiman, des poles *b, a* &
un tourbillon *abcd*, & que lorfqu'on retournoit le fer, le fer
changeoit de pole. Pour expliquer cet effet, il imagina que
les pores du fer étoient parfe-
més de petits poils fléxibles &
tellement difpofés entr'eux que
les parties de la matiere qui cir-
culoit autour de l'aiman *AB* les
plioient & replioient, felon la
direction de fon cours.

D'autres fe font contentés de
n'attribuer à la matiere magnetique qu'un feul mouvement du
Septentrion au Midi, ou du
Midi au Septentrion, & fe font

H h

paſſés par là des écrous & des vis
de Décartes. Mais ils n'ont pû
ni retrancher les poils dont nous
venons de parler, ni ſe diſpenſer
d'admettre une partie de ces
mouvemens tellement circonſ-
tantiés que les cauſes capables
de les produire & de les perpé-
tuer, nous ſeront à jamais in-
connuës. On veut toujours qu'un
nombre infini de très-petits corps
ſe meuvent dans l'air d'un pole
à l'autre, qu'ils y parcourent
ſans ſe détourner ni de côté ni
d'autre, 4 ou 5 mille lieuës en
traverſant tous les plans paralleles à l'équateur, dont les points
ſe meuvent diverſement d'Occident en Orient ; qu'ils traver-
ſent le globe de la Terre dans
des pores très- étroits longs de
trois mille lieuës, ſans rien perdre de leur viteſſe, quoiqu'ils ſe
meuvent dans un ſens oppoſé à
celui de la matiere céleſte ; &
qu'ils continuent à circuler tou-

jours de la même façon, fans affigner aucune caufe de la continuation de ce mouvement. Suppofitions qui, à mon avis, renferment plus de difficultés pour les ramener au Mécanifme general, que n'en peuvent renfermer les phénomenes mêmes que l'on entreprend d'expliquer par leur moyen.

I I I.

On ne peut difconvenir en voyant la difpofition que prend la limaille de fer autour d'un aiman, qu'il n'y ait une certaine atmofphere qui l'environne, dont les petites parties qui la compofent prennent comme d'elles-mêmes une difpofition autour de cette pierre femblable à celle que la limaille de fer y prend. Mais on ne voit pas que cette matiere y circule d'un pole à l'autre en traverfant le corps de l'aiman dans des conduits paral-

leles à fon axe ; on le fuppofe.
Je veux bien, que ces conduits
foient remplis de cette matiere,
dont les particules puiffent s'y
mouvoir en tous fens : mais je
ne penfe pas que cette matiere
y ait un mouvement progreffif,
& les parcoure, parce que ce
mouvement offufque le mécanifme général de la nature, qu'il
eft inutile de le fuppofer, & qu'on
peut fans fon fecours expliquer
plus fimplement & mieux qu'on
ne l'a fait jufqu'à préfent tous les
phénomenes de l'aiman.

<h2 style="text-align:center">I V.</h2>

Lexpérience apprend que lorfqu'on préfente le pole B (fig. 31)
d'un aiman AB au pole oppofé a
d'un autre aiman ab, fufpendu
à un long fil ; ou le pole A du
premier au pole b du fecond, ces
deux aimans s'approchent l'un
de l'autre, & s'uniffent fi étroitement, qu'on ne peut les fépa-

rer qu'avec peine. Et que lorfqu'on préfente le pole *B* (fig. 32)
d'un aiman *AB* au pole *b* d'un
autre aiman *ab* ; ou le pole *A* du
premier au pole *a* du fecond,
ces aimans s'écartent mutuellement l'un de l'autre. De telle
forte que fi l'un *AB* eft fixe, &
que l'autre *ba* foit fur un pivot,
l'aiman *ba* fait un demi tour, &
vient préfenter fon pole *a* au pole *B* du premier aiman *AB*,
comme on le voit (fig. 31).

M. de Reaumur, (Mem. de
l'Acad. 1723.) a prouvé par
plufieurs expériences que le fer
étoit un aiman compofé de petits aimans, dont les poles ne
font pas dirigés d'un même côté;
& qu'on les y dirige en frappant
ou fecoüant le fer, ou par l'approche d'un bon aiman. Lorfqu'on
préfente le pole *B* (fig. 33) d'un
aiman *AB* à une longue file d'é-
guiles aimantées, *ab*, *ab*, *ab*, &c.

ſuſpenduës ſur des pivots *M*, *N*, *O*, &c. l'expérience apprend que ces aiguilles ſe diſpoſent entre elles, de telle ſorte qu'elles préſentent toutes leurs poles *a* au pole *B* de l'aiman *AB*, & que ſi un inſtant après on leur préſente ſon pole *A* ; ces aiguilles font toutes un demi-tour ſur leurs pivots pour préſenter leurs poles *b* au pole *A* de l'aiman *AB*. C'eſt juſtement ce qui doit arriver aux petits aimans contenus dans les pores du fer, lorſqu'on leur préſente le pole *B* de l'aiman, ils tournent tous ſur leurs centres de peſanteur, comme ces aiguilles font ſur leurs pivots.

V.

On peut donc penſer avec fondement que les petits aimans dont les pores du fer & de la pierre d'aiman ſont remplis, ne ſont autre choſe que les particules mêmes de la matiere magneti-

que ; & qu'indépendamment de
la conſtruction particuliere du
fer & de la piere d'aiman , les petits points de la matiere magnetique dont les pores de ces corps
ſont remplis , ont par quelque
cauſe qui nous eſt encore incon-
nuë , & que nous déterminerons
ci après , la vertu , non pas de
s'attirer l'une l'autre , ni de ſe
joindre & de s'attacher avec force
l'une à l'autre ; mais ſimplement
celle de ſe diriger l'une vers
l'autre , comme le font les aiguilles *ab* , *ab* , *ab* , &c. dont nous
venons de parler , lorſque ces
particules peuvent vaincre les
petits obſtacles qui les retiennent.

De ſorte qu'à cet égard les particules de l'atmoſphere d'une
pierre d'aiman *AB* (fig. 30) & en
particulier celles qui forment
chacun de ſes filets *ACB* , *ADB* ,
feront tout autant de petits aimans ſphériques *ab* , *ab* , *ab* , *ab* ,

qui fans fe mouvoir de *A* par *C*,
ou par *D* vers *B*, ni parcourir les
pores de la pierre paralleles à fon
axe *B A*, s'arrangeront feulement entr'elles par la vertu de
direction que nous leur attribuons; de la même façon que des
globules de fer le font communément à l'approched'un aiman,
fans qu'on les voye circuler d'un
pole à l'autre.

De forte qu'à commencer du
point *A*, le pole *a* de chacun de
ces petits aimans, fera toujours
en avant, tendent vers le pole *B*
du grand aiman, & le pole *b* en
arriere regardant le pole *A* de
l'aiman *AB*. Si bien que le pole
A du grand aiman ne fera qu'un
compofé de poles *a*, *a*, *a*, de ces
petits aimans, & fon pole *B*
qu'un compofé de poles *b*, *b*, *b*,
de ces mêmes petits aimans.

Et fi généralement tous les effets du magnetifme, font une fuite

mécanique de cette feule direction conftante & invariable que
nous venons d'attribuer aux particules de la matiere magnetique,
nous ferons certains autant qu'il
eft poffible de l'être fur un tel fujet, que nous aurons bien ren-
contré ; puifque nous n'aurons
uniquement fuppofé que ce que
l'expérience nous indique. De
forte qu'il ne nous reftera plus
alors qu'à découvrir la caufe de
cette vertu de direction attribuée
aux globules de la matiere magnetique ;difficulté qui fera d'autant plus aifée à furmonter qu'elle fera débarraffée de mille cir-
conftances qui rendent le phénomene de l'aiman un effet très-
compliqué.

V I.

Un des effets de l'Aiman qui
a le premier excité l'admiration
des Philofophes , & qui eft commun à tous les corps qu'on nom-

me Electriques, est que deux de ces corps *A, B* (fig. 36.) suspendus à de longs fils, lorsqu'ils sont à une certaine distance l'un de l'autre, s'écartent quelquefois & s'approchent aussi quelquefois l'un de l'autre comme d'eux-mêmes, & sans qu'il se présente rien à nos sens capable de produire un tel effet. Or il est d'abord important de bien déterminer ici la cause générale de cet effet, indépendamment de toutes les circonstances particulieres qui l'accompagnent dans l'Aiman ; puisque ce n'est que par degrés que l'on peut parvenir à la connoissance des effets composés.

On sçait déja qu'un corps *A* suspendu dans un fluide élastique, tel qu'est l'air ou la matiere éthérée, ne demeure au lieu où on l'a placé, que parce qu'il est également comprimé de

toutes parts par les parties du
fluide qui tendant à s'étendre,
pouſſent le mobile avec des forces égales dans toutes les directions qui paſſent par ſon centre;
ce qui eſt cauſe que ſi le mobile eſt fluide, comme eſt une
goute d'eau, ou de vif-argent,
le mobile prend la figure ronde.

D'où il ſuit que ſi le même
mobile A vient par quelque cauſe que ce puiſſe être, à être
moins preſſé par le fluide environnant du côté de D, par
exemple que du côté de B, il ſe
mouvra auſſi-tôt de B vers D,
parce qu'il y ſera pouſſé par
la force élaſtique de l'air ou de
la matiere étherée, dont l'élaſti-
cité eſt incomparablement plus
grande que n'eſt celle de l'air
groſſier.

Il ne s'agit donc plus maintenant que de découvrir la raiſon
pourquoi lorſqu'on approche

deux corps électriques *A*, *B* l'un de l'autre, cet équilibre se rompt de telle sorte que tantôt ces corps sont plus fortement poussés de *E* vers *C*, & de *M* vers *O*, que de *C* vers *E* & de *O* vers *M*, & tantôt plus fortement poussés de *C* vers *E* & de *O* vers *M*, que de *E* vers *C*, & de *M* vers *O*.

VII.

Les corps électriques, comme l'Ambre & toutes les Refines, le Verre & toutes les Pierres précieufes, &c. n'acquierent la vertu d'attirer & de repouffer les petits corps qu'ils rencontrent que par un rude frottement qui excite tout autour d'eux une atmofphere que l'on peut très-bien comparer à la flame d'une chandelle, qui fubfifte autour de fon lumignon tant que le fuif dure, ou à celle qui s'étend fur la fuperficie d'un vafe plein

d'eau de vie , ou d'efprit de vin
que l'on allume avec une bougie.

Or il ne faut pas d'abord s'i-
maginer que cette atmofphere
électrique foit ici un tourbillon
dont les particules circulent autour du centre de ces corps. Car
fi cela étoit les petits corps qui
demeurent fufpendus & qui fui-
vent dans tous les tems tous les
mouvemens que l'on donne au
corps électrique, fe mouvroient
néceffairement autour de fon
centre, fi les particules de fon
atmofphere circuloient autour
de ce même centre dans un fens
déterminé ; au lieu que ces petits
corps reftent fufpendus en l'air
dans l'atmofphere du corps électrique, fans changer de place
en aucun fens lorfque le corps
électrique demeure fixe. Ce tourbillon prétendu n'eft donc précifément qu'une simple atmof-

phere, une efpece de broüillard répandu fur toute la fuperficie de ces corps.

VIII.

Suppofons donc maintenant qu'autour de chacun des deux corps électriques *A*, *B* (fig. 36.) il y ait une atmofphere dont les particules ne circulent autour des centres de ces corps en aucun fens déterminé, & voyons fi nonobftant la fimplicité de cette fuppofition que l'experience nous indique fuffifamment, nous ne pourrons pas découvrir d'abord la raifon pourquoi ces corps s'éloignent quelquefois l'un de l'autre, & pourquoi ils s'en approchent fouvent, fans qu'il paroiffe que rien de fenfible les pouffe ni les repouffe.

Pour cet effet il n'y a qu'à fuppofer, ce qui eft très-poffible, que lorfque ces corps s'éloignent l'un de l'autre cela ne vient que de ce que leurs atmospheres font comme deux especes de liqueurs qui ne se mêlent pas ensemble ; dont l'une *CDEF* sera par exemple de la nature de l'huile, & l'autre *MNOP* de la nature de l'eau, sans concevoir dans ces atmospheres ni poles ni aucun mouvement circulaire autour des centres *A*, *B* de ces corps ; mais seulement, ce qui est tout naturel, que les couches sphériques de ces atmospheres, voisines de la superficie de ces corps sont plus denses & d'un tissu plus serré que celles qui en sont plus éloignées ; & que non-seulement la premiere couche de chacune de ces atmospheres sera comprimée par le fluide environnant, mais qu'aussi, comme elle est supposée plus rare que la seconde, & que par conséquent les molécules qui la composent laissent des intervales par où le

fluide environnant peut paſſer ;
la ſeconde couche ſera de même
immédiatement comprimée par
le fluide, & que par conſéquent
cette ſeconde couche qui eſt déja autant comprimée que la premiere par l'action du fluide ſur
la premiere, ſera plus fortement
comprimée que la premiere, &
la troiſiéme plus fortement que
la ſeconde, & ainſi de ſuite. Ce
qui ſera cauſe que dans un état
libre le mobile ſera contraint
d'occuper le centre de cette atmoſphere ; puiſqu'autrement les
couches ſeroient plus comprimées d'un côté que de l'autre ;
ce qui eſt impoſſible dans un
fluide uniformément élaſtique.
Cela poſé, il eſt clair :

1°. Que ces atmoſpheres étant
d'abord éloignées l'une de l'autre,
& comprimées également de toutes parts par le fluide environnant, prendront la forme ſphé-
rique

rique que la force élaftique du
fluide leur procurera. Mais que
fi l'on vient à pouffer le corps *A*,
& fon atmofphere *CDEF* contre
le corps *B*, & fon atmofphere
MNOP (fig. 37) ces atmofpheres
s'applatiront d'abord l'une contre
l'autre par l'effort fubit du mouvement étranger qu'on leur im-
primera , & s'écarteront de ces
corps du côté de *C* & de *O* ; mais
enfuite ces atmofpheres tendant
à reprendre la forme fphérique
par l'action comprimente du fluide environnant , elles la repren-
dront en effet peu à peu. Ce qui
ne peut fe faire que les corps *A*,
B, qui dans une fituation libre
doivent occuper le centre de
leurs atmofpheres, comme nous
venons de l'expliquer, ne s'écartent en même tems l'un de l'autre , fans qu'il foit befoin de fuppofer dans leurs atmofpheres ni
poles ni mouvemens circulaires ;

ces corps, dis-je, s'écarteront vers *I* & vers *K*, comme l'expérience nous l'apprend, parce que le fluide environnant redonnera peu à peu la forme sphérique aux couches applaties, lesqu'elles deviendront concentriques d'excentriques qu'elles étoient l'inſtant précédent. Ce qui nous fournit une cauſe purement mécanique de ce qu'on nomme *Répulſion*.

2°. Mais ſi ces atmoſpheres ſe mêlent facilement l'une avec l'autre, ſi elles ſont toutes les deux de la nature de l'huile, par exemple ; dans ce cas lorſqu'on pouſſera les corps *A*,*B* (fig. 38) & leurs atmoſpheres *CDEF*, *MNOP* l'une vers l'autre ; il arrivera que ces atmoſpheres ſe confondront, & qu'elles n'en formeront plus qu'une ſeule *CDN OPF*, qui d'abord ſera longue ou ovale, mais qui tendra en-

fuite à s'arrondir peu à peu par
l'effort élastique du fluide environnant. Or cela ne peut se faire
& chacunes des couches de ces
atmospheres ne peuvent se confondre en une, que les corps *A*,
B ne s'approchent l'un de l'autre
vers *K*, sans qu'il soit besoin que
ces atmospheres ayent autour de
leur centre aucun mouvement
circulaire. Ce qui nous fournit
une cause purement mécanique
de ce qu'on nomme *Attraction.*

I X.

Nous pouvons donc considerer deux pierres d'aiman *AB*,
ab (fig. 32.) comme deux corps
électriques, qui ont autour d'eux
chacun une atmosphere telle
que nous l'avons décrite (n°. 5.)
Mais il se presente aussi-tôt une
difficulté; c'est que les pierres d'aiman renferment en elles-mêmes
le double effet de l'électricité;
c'est-à-dire, que selon qu'elles

font différemment fituées tantôt
elles fe repouffent & tantôt elles
s'attirent. Mais nous n'avons pas
befoin pour cet effet d'avoir recours au mouvement circulaire
que nous voulons éviter , parce
que ce n'eft pas en vertu d'une
nouvelle fuppofition qu'il faut
rendre raifon d'un effet , lorfqu'on peut le faire par une con-
féquence néceffaire des premieres fuppofitions.

Nous avons déja vû que lorfqu'à une longue file d'aiguilles aimantées *ab* , *ab* , *ab* , &c. (fig. 33)
poféesfur des pivots *M, N, O , P* ,
&c. on préfente le pole *B* d'un
aiman *AB*, ces éguilles tournent
auffi tôt chacune fur leurs centres , de façon qu'elles préfen-
tent toutes au pole *B* leurs poles
a , *a* , *a* , &c. & que fi l'on vient
fubitement à leur préfenter le
pole *A* , tout auffi-tô les aiguilles font un demi-tour fur leurs

pivots pour préfenter au pole *A* leurs poles *b*. Que la même chofe arrive fi à cette longue fuite d'aiguilles aimantées on vient à préfenter du côté *M* le pole *B* d'un aiman, & de l'autre côté *P*, le pole *A* d'un autre aiman, ces aiguilles tourneront toutes auffi-tôt leurs poles *a* du côté du premier aiman, & leurs poles *b* du côté du fecond aiman.

Mais que fi à cette même longue file d'aiguilles, on préfente du côté *M* le pole *B* d'un aiman, & du côté *P* le même pole *B* d'un autre aiman, il arrive, lorfque les deux aimans font d'une égale force, que la moitié de la file des aiguilles tournent leurs poles *a* vers le premier aiman, & l'autre moitié leurs mêmes poles *a* vers le fecond aiman; de forte que les deux aiguilles du milieu de la file auront leurs poles *b*, *b*, oppofés l'un à l'autre, & tendront par conséquent à se repousser mutuellement.

Que la même chose arrive lorsque les aimans sont inégaux en force, non pas au milieu de la file, mais en un de ses points d'autant plus éloigné de l'aiman le plus fort que sa force est plus grande que celle du plus foible.

X.

Il suit de ces expériences que, supposant toujours aux particules de la matiere magnetique, comme nous l'avons fait dès le commencement, une vertu de se diriger pareille à celle qu'ont ces aiguilles ; si deux aimans *AB*, *ab*, (fig. 31) sont tellement situés que l'un *ab* étant suspendu par un long fil, de façon que son axe soit parallele à l'horison, l'autre *AB* lui soit presenté à une certaine distance ; de façon que son pole *B* soit vis-à-vis du pole

a de l'aiman *ab*, il arrivera nécessairement que les files *AC*, *AD*
des particules de la matiere magnetique, qui environne l'aiman
AB, se joindront aux files *bc*, *bd*
des particules de celle qui environne l'aiman *ab*, & qui sont disposées de la même façon, sans
qu'il soit besoin que ces particules circulent autour des centres
de ces aimans.

D'où il suit que toutes ces files de la matiere magnetique, tant
du côté de *A* que du côté de *b*;
ne composeront plus ensemble
qu'une seule atmosphere, & que
les deux atmospheres des aimans
AB, *ab* se confondront nécessairement en une seule *AC*, *ad* *DA*,
comme on le voit (fig. 31),
& que la limaille de fer le ma-
nifeste. Ce qui sera cause, comme nous l'avons expliqué (n°. 8.)
que ces aimans s'approcheront
l'un de l'autre par l'action com-

primante du milieu qui les entoure, fans qu'il foit néceffaire que les points qui compofent leur atmofphere circulent d'un pole de chacun de ces deux aimans à l'autre.

Et que ces deux aimans pourront fe joindre de telle forte en plufieurs points de leurs fuperficies B, a qu'il n'y aura entr'elles aucune lame d'air groffier, ni même d'air fubtil. Ce qui tiendra les aimans attachés l'un à l'autre avec autant de force que deux marbres bien polis que l'on fait glisser l'un fur l'autre, le font communément, & d'autant plus fortement attachés que le nombre de ces points fera plus grand. Or ce qui tiendra ces aimans attachés l'un à l'autre fera l'effort élaftique de la matiere étherée, effort beaucoup plus grand que n'eft celui de l'air groffier.

XI.

X I.

Au contraire fi l'on préfente les pole *b* de l'aiman *ab*, au pole *B* de l'autre aiman *AB* (fig. 3 2) les petits aimans qui compofent les filets *ACB*, *acb*, *ADB*, *adb* ; & femblables ; fans qu'il foit befoin qu'ils circulent de *B* par *A* vers *C*, *D*, ni de *b* par *a* vers *c*, *d*, ne fe joindront pas les uns aux autres, ni entre les deux poles *B*, *b*, ni dans les efpaces environnans *Cc*, *Dd* ; les poles *b* des globules des uns étant oppofés aux poles *b* des globules des autres : mais la matiere magnetique qui eft autour de ces aimans, formera deux atmofpheres à part *BCAD*, *bcad*, dont les parties étant élaftiques, comme le font toutes celles de l'éther, s'entrepoufferont mutuellement ; c'eft pourquoi les deux aimans s'écarteront l'un de

l'autre comme on l'a expliqué
(n°. 7.)

De telle forte que fi l'un de
ces deux aimans *ab* eſt ſuſ-
pendu ſur un pivot perpendiculaire à l'horizon qui l'empêche de reculer, & ſur la pointe
duquel il puiſſe aiſément ſe mouvoir, il eſt clair que pour peu que
les directions des impulſions de
ces deux aimans ſoient obliques
l'un à l'autre, ces impulſions
feront faire un demi-tour à l'aiman *ab*, & qu'il préſentera ſon
pole *a* au pole *B* de l'autre aiman,
comme il eſt repreſenté (fig. 31).
Et l'on concevra encore que ſi
l'aiman *ab* eſt ſeulement ſuſpen-
du à un filet, ſa peſanteur lui
ſervira de pivot, & qu'il tour-
nera ſur ſon centre comme auparavant.

XII.

Si au lieu de l'aiman *ab*, on
préſente à l'aiman *AB* (fig. 34)

un morceau de verre, d'or, d'argent, de plomb, &c. en un mot
un corps autre qu'un aiman, ou
du fer; l'expérience apprend que
ce corps n'eſt ni attiré ni repouſ-
ſé; mais que l'atmoſphere de l'aiman *AB* s'étend dans ce corps
comme il le feroit dans l'air, ſans
qu'il ſe forme aucune atmoſphere autour du corps *ab*, ce qui
doit nous faire penſer.

1°. Que tous les corps ont de
deux ſortes de pores, les uns
grands & les autres petits, tels
qu'on les voit dans la mie de pain
ou dans l'éponge. Car en conſi-
derant un petit morceau d'éponge avec le microſcope, on voit
qu'elle eſt compoſée de pluſieurs
branches qui laiſſent entr'elles
de grands intervales, & que chacune de ces branches eſt encore
criblée d'une infinité de petits
trous.

2°. Que les grands pores de

ces corps contiennent, comme ceux de l'air, du fer, de l'aiman, plusieurs de ces petites parties magnetiques dont nous parlons, qui peuvent s'y mouvoir très-librement ; mais que ces parties subtiles ne pénétrent pas les pores plus petits de ces corps, comme elles font ceux de l'aiman & du fer ; soit que ces pores soient trop petits, soit qu'ils soient déja remplis d'autres parties de l'éther qui n'ont aucun rapport à celles-ci, & qui les repoussent.

3°. D'où il suit qu'à l'entour de ces corps, qui ne contiennent qu'autant de matiere magneti-que qu'il en peut être contenu dans un pareil volume d'air, il ne s'y formera pas une atmof-phere magnetique : mais que feu-lement l'atmofphere de l'aiman *AB* s'y étendra comme elle le fe-roit dans l'air fans y trouver au-cun obftacle ; & que les petites parties magnetiques ne pouvant pas pénétrer dans les moindres pores de ces corps, continuëront de le comprimer autant que le fluide environnant peut le faire.

4°. D'où il fuit que l'atmofphere qui eft autour de l'aiman *AB*, ayant la liberté de s'étendre dans les pores du corps *ab*, quoiqu'on pouffe ce corps vers l'aiman *AB*, ce mouvement ne doit point déranger les couches fphériques de cette atmofphere, il ne doit point les applatir, les rendre excentriques ; l'aiman *AB* doit donc continuer à demeurer au centre commun des couches concentriques de fon atmofphere.

De même le corps *ab* continuant d'être également comprimé de toutes parts, doit demeurer au lieu où il fe trouve ; & ne doit être ni pouffé ni attiré par la vertu magnetique de l'aiman *AB* ; ni pouffé, car la matiere

magnetique ne circulant pas autour de l'aimant *AB*, n'a point
de force centrifuge ; ni attiré,
car l'arrangement de cette matiere en atmosphere ne doit pas
empêcher que ses parties élastiques ne compriment les parties
propres du corps *ab*, comme elles
le faisoient avant cet arrangement.

Et il ne me paroît pas que dans
l'hypothese du tourbillon magnetique on ait pû rendre une
raison mécanique de cet effet,
comme nous le faisons ici ; puisqu'en suppofant, comme on le
faisoit : que les parties magnetiques se mouvoient circulaire-
ment autour de l'aiman, elles devoient avoir une force centrifuge capable de repousser le
corps *ab*.

XIII.

Lorsque l'on pose un petit
morceau de fer *ab* (fig. 30) dans

l'atmosphere *ACBD* d'un aiman
AB, l'experience apprend qu'il
acquiert la vertu de l'aiman, une
atmosphere *acbd* & des poles *a*, *b*,
tellement situés à l'égard des poles *A*, *B* de l'aiman *AB*, que le
pole *a* regarde le pole *B*, & le
pole *b* le pole *A*.

Ce qui nous indique que dans
le fer, il y a un grand nombre
de ces petites parties magnetiques, que nous avons supposées
être chacune un petit aiman,
qui non-seulement pénétrent les
grands pores, mais aussi les plus
petits pores des moindres parties
du fer, comme elles font ceux
de l'aiman. Et que ce qui empêche que le fer ne soit un parfait
aiman, est que les poles de ces petites parties (comme M. de Reaumur l'a remarqué) y font diversement situés, & ne peuvent s'y
arranger comme il convient, à
moins qu'elles n'y soient aidées

à cause de certains petits frottemens qu'elles ont à vaincre dans
les pores du fer.

Mais lorsqu'on met ce morceau de fer dans l'atmosphere
$ACBD$ d'un grand aiman, alors
les petits aimans ba, dont cette
atmosphere est remplie, se pré-
sentant à ceux qui sont dans les
pores du morceau de fer, ils les
contraignent à la longue de tourner sur leurs centres, malgré les
petits obstacles qui les retiennent,
& de prendre une direction parallele à la leur.

D'où il suit que les filets ADB
de l'atmosphere du grand aiman,
traverseront le fer dans l'ordre
convenable à la vertu magnetique, c'est-à-dire, du Nord au Sud.
Que ces petits aimans étant en
bien plus grande abondance dans
le fer que dans l'air, ceux qui sont
dans le fer ab, ayant tous reçu la
même direction, composeront

un tout dans lequel la vertu magnetique , qui ne consiste que
dant cet accord de directions ,
sera beaucoup plus grande que
dans un pareil volume de l'espace voisin. Et que cette plus grande force obligera un bon nombre de parties magnetiques de
l'atmosphere *ACBD* du grand
aiman , voisines du morceau de
fer *ab* , à prendre les mêmes directions ; & à former autour du
fer *ab* une petite atmosphere *acbd*
semblable à la grande *ACBD* ,
mais diversement située.

De sorte que ce fer devenu
un vrai aiman , dirigera vers le
pole *A* du grand aiman *AB* , son
pole *b* composé d'un grand nombre de poles *b* , des parties *ba* de
la matiere magnetique ; & vers
B son pole *a* , composé d'un
grand nombre de poles *a* , *a* de
ces mêmes parties , lesquelles
doivent avoir (Art. 8) leurs po-

les *ba* dirigés de la même façon.
Et sans qu'il soit nécessaire que
les globules de la petite atmosphere *acbd* du fer *ab*, circulent
d'un pole *b* à l'autre *a* par *c*, *d* ;
ni que les points de la grande
ACBD, circulent d'un pole *B*
à l'autre *A* par *C*, *D*.

XIV.

Ce que nous venons de dire
étant bien entendu, on compren-
dra sans peine que l'atmosphere
acbd du petit aiman continuëra
de subsister dans l'atmosphere
ACBD du grand aiman, autant
de tems que celle-ci subsistera ;
puisque si le petit aiman placé
dans l'atmosphere du grand n'a-
voit point d'atmosphere, il y en
acquerroit une en peu de tems.

D'où il suit que l'atmosphere
d'un aiman étant toujours com-
prise dans l'atmosphere magnetique de la Terre, qui est un grand

aïman, doit demeurer conſtam-
ment autour de l'aiman, à moins,
que quelque cauſe étrangere ne
l'en dépoüille; & qu'un aiman qui
a perdu ſon atmoſphere par quelque cauſe que ce puiſſe être doit
auſſi-tôt que cette cauſe particuliere n'agit plus, reprendre peu à
peu ſon atmoſphere, ainſi que
l'experience le prouve; & qu'il
n'eſt pas néceſſaire pour cet effet
que ces atmoſpheres ſoient des
tourbillons.

X V.

Si après que le petit morceau
de fer *ab* aura acquis ſa petite
atmoſphere *abcd* on le tourne
de façon que le point *b* ſoit poſé
en *a*, & le point *a* en *b*, & qu'on
le fixe dans cette ſituation, on
verra alors que les petits aimans
ab dont les parties du fer ſont
toujours remplies, & qui ont plus
de liberté de changer de ſituation
dans les pores du fer que dans

ceux d'une pierre d'aiman, feront chacun un demi-tour fur leurs centres de pefanteur. Et que la vertu du pole *b* du fer *ab* paffera en *a*, & celle de *a* en *b*, fans qu'il foit néceffaire d'avoir recours à aucun mouvement circulaire de la matiere magnetique autour des centres, ni de l'aiman, ni du fer; ni à des écrous dans les pores de l'aiman, ni à des vis fubtilement imaginées qui entrent dans ces écrous, ni enfin à de petits poils arrangés avec art dans les moindres pores du fer qui fe plient & fe replient fans fe rompre.

Car il fuffit ici de fuppofer, pour expliquer les vertus de l'aiman à l'égard du fer, que les pores de la matiere propre de cette pierre font un peu plus étroits que ceux de la matiere propre du fer, quoique les grands pores de ce corps puiffent être plus grands dans l'aiman que dans le fer, ce qui doit rendre l'aiman beaucoup plus dur & moins pefant que le fer. D'où il fuit que les globules de la matiere magnetique ne peuvent que très-difficilement piroüetter dans l'aiman, & beaucoup moins difficilement dans le fer. Et que dans les autres corps ces globules magnetiques ne pénétrent pas les pores des parties propres de ces corps ; foit qu'ils foient plus étroits que ceux de l'aiman, foit qu'ils foient remplis d'un autre fluide dont la tiffure des parties foit differente; fuppofitions qu'on ne peut réfuter, & qu'on accorde dans toute autre rencontre.

X V.

L'experience apprend que les pierres d'aiman tournent leurs poles vers les poles de la Terre, comme le petit fer *ab* (fig. 30)

après avoir été aimanté, les tourne vers les poles *A*, *B* de l'aiman
ABC D; d'où l'on a conclu que la
Terre étoit un grand aiman, dans
l'atmofphere duquel les pierres
d'aiman étoient comprifes.

Or il eft évident, que puifqu'il n'eft pas néceffaire que les
globules de la matiere magnetique circulent d'un pole à l'autre
autour de l'aiman *AB*, pour diriger l'axe du petit aiman *ab* vers fes
poles; il n'eft pas mon plus néceffaire de fuppofer que ces globules
circulent d'un pole de la Terre à
l'autre le long des méridiens,
pour diriger les poles des pierres
d'aiman, & des aiguilles de fer
aimantées, vers les poles de la
Terre. Et c'eft là, ce me femble,
pour la Phifique générale un des
plus grands embarras de fuprimé.

En effet, dans notre explication du Magnetifme, nous pouvons très-bien concevoir les fi-

lets magnetiques dirigés d'un
pole à l'autre., nonobstant le
mouvement des parties du tourbillon de la Terre d'Occident en
Orient, du mouvement en tous
sens des parties de l'air, de l'eau,
&c. Car n'attribuant aucun mouvement aux points de chacun de
ces filets, ni du Septentrion au
Midi, ni du Midi au Septentrion,
si un des points d'un de ces filets
ACB ou *ADB* (fig. 30) qui ont
la figure ronde, & qui peuvent
par conséquent tourner en tous
sens sur leurs centres avec une
grande facilité; si ce globule, dis-
je, se meut dans un parallele à
l'Equateur d'Occident en Orient,
ou dans quelqu'autre direction
que ce soit, celui qui lui succe-
dera à l'instant, ayant toujours
ses poles dirigés vers les poles de
la Terre, fera que la continuité
du filet *ACB* ou *ADB*, ne sera
pas plus interrompuë par ce dé-

placement, que la direction des rayons de lumiere, ne l'eſt dans l'arc-en-ciel, par le déplacement ſucceſſif des goutes d'eau qui tombent perpendiculairement ſur la Terre, parce que ſi l'une ceſſe de produire les refractions de la lumiere, l'autre qui lui ſuccede les reproduit à l'inſtant.

Tout de même ici, ſi un globule magnetique s'éloignant de la direction des points qui compoſent un filet *ADB*, dirigé d'un pole à l'autre de la Terre, perd la liaiſon qu'il avoit avec eux, celui qui lui ſuccede auſſi-tôt, l'acquiert dans le même inſtant; & la direction du filet magnetique d'un pole a l'autre n'eſt pas interrompuë par ce mouvement vers l'Orient ou vers tout autre point.

XVII.

Les petits obſtacles qui retiennent

nent dans un fer aimanté les globules magnetiques dans la direction convenable, peuvent être
si foibles & en si petit nombre,
que le moindre coup sera capable de les déranger en les faisant
piroüetter sur leurs centres.
Ainsi,

1°. Si, comme l'ont observé
Messieurs de Reaumur & du Fay,
l'on tient une verge de fer non
aimantée perpendiculaire à l'horizon, & qu'on vienne à la fra-
per ou à la secouer fortement,
ce seul coup ou ce seul mouvement sera suffisant pour aider la
matiere magnetique de l'atmosphere de la Terre à contraindre
quelques-uns des globules magnetiques qui sont dans le fer,
de piroüetter sur leurs centres
& de s'arranger suivant la direction du tourbillon magnetique
de la Terre, de la même façon
qu'en donnant de petits coups

avec le dos d'une plume au papier
fous lequel on a mis une pierre
d'aiman & de la limaille de fer,
on voit que cette limaille s'ar-
range, fans quoi jamais elle ne
le feroit. Et que plus on donnera de coups fur le fer, plus on
déterminera de ces parties à prendre cette difpofitiom, & à augmenter la vertu magnetique du
fer, dont le bout d'embas ac-
querra la vertu de fe tourner
vers le Nord, & d'attirer par
conféquent le Sud de l'aiguille
aimantée. Et le bout d'en haut
celle de fe tourner vers le Sud &
d'attirer le Nord de l'aiguille,
comme l'expérience le confirme.

    Car la barre de fer *ab* (fig. 30)
doit recevoir l'impreffion du filet magnetique *cb*, qui tient au
pore *c* de la Terre dont *B* eft le
pole du Nord ; d'où il fuit que le
bout *a* du fer, doit acquerir la
vertu du pole *a* du petit aiman

acbd, lequel doit attirer le Sud de l'aiguille, ou la pointe qui fe tourne ordinairement vers le pole *A* du Sud ; & le bout *b* du fer, celle du pole *b* de l'aiman *acbd*, qui doit attirer le Nord de l'aiguille, ou la pointe qui fe tourne ordinairement vers le pole *B* du Nord de la Terre.

2°. Si l'on tourne la barre de fer de haut en has, & qu'on frape le bout qu'on vient d'élever, alors les poles du fer changeront ; c'eft-à-dire, que le bout qui attiroit le Sud, attirera le Nord, & celui qui attiroit le Nord attirera le Sud ; à caufe que les petits points de la matiere magnetique contenus dans le fer pouvant s'y mouvoir aifément fur leurs centres, les petits coups qu'on donnera au fer favoriferont l'effort que les points des filets magnetiques qui tiennent aux pores *c* de la Terre font pour les faire tourner.

3°. Si l'on frape un des bouts de la verge de fer dans une situation horizontale, alors les coups qu'on lui donnera, fur-tout si l'on tourne fes bouts de l'Orient vers l'Occident, ne favorifant pas l'effort que la matiere magnetique fait pour les diriger vers les poles de la Terre, direction qui venant de bas en haut, eft dans nos régions plutôt perpendiculaire fur l'horizon que parallele, les globules magnetiques que le fer contient, piroüetteront diverfement fur leurs centres ; & à caufe des petits frottemens qu'ils ont à effuyer dans les pores du fer, ils ne pourront plus fe remettre d'eux-mêmes dans la fituation qui convient à un aiman. Ainfi la barre de fer perdra entierement fa vertu magnetique ; c'eft-à-dire, que ni l'un ni l'autre de fes bouts n'attirera

plus ni la pointe du Nord de
l'aiguille aimantée, ni celle du
Sud.

XVIII.

On a obfervé qu'une aiguille
de bouffole qui avant que d'ê-
tre aimantée eft bien fufpenduë
fur fon pivot, & s'y tient exactement parallele à l'horizon, s'incline du côté du Nord lorfqu'elle
eft aimantée. Ce qui doit arriver
comme on le voit dans notre façon d'expliquer les effets de l'aiman, puifque c'eft du côté du
Nord dans des directions prefque perpendiculaires à l'horizon
que font difpofés les filets magnetiques du tourbillon de la
Terre, qui dirigent les aiguilles aimantées ; & que c'eft vers
ce point que le fluide environnant doit pouffer l'aiguille plus
fortement que vers tout autre
point. Car ce n'eft pas la force
des filets magnetiques qui pro-

duit cet effet, c'eſt la force élaſtique du fluide environnant qui comprimant l'aiguille plus fortement de tout autre côté que du côté des points vers où ces filets ſe dirigent dans les pores du fer, fait que l'aiguille s'incline.

XIX.

Il ſeroit aſſez inutile, je penſe, que je m'arrêtaſſe plus long-tems à expliquer dans le détail toutes les circonſtances des effets de l'aiman, elles ſont des ſuites ſi naturelles du principe ſimple que nous venons de poſer, qu'il n'y a qu'à les lire dans les Ouvrages de M. Muſchembroc, & dans les Mémoires de M. de Reaumur 1627, & du Fay 1728 & 30, qui les ont ſi bien déterminées par pluſieurs experiences très-curieuſes & très-bien détaillées, pour que la raiſon en ſaute, pour ainſi dire, tout auſſi-tôt aux yeux, indépendamment des mouvemens circulaires, & des torrens de cette matiere autour de la Terre, des pierres d'aiman, & des morceaux de fer, dont on parle continuellement.

De sorte qu'il ne nous reste plus maintenant qu'à expliquer comment ces petits corps qui composent l'atmosphere magnetique de la Terre, & que nous avons regardés jusqu'ici comme de petits aimans, ausquels néanmoins nous n'avons attribué que la seule proprieté de se diriger d'un pole à l'autre, ont pû se former selon les loix des Mécaniques ; & à découvrir quelle peut être la cause phisique de cette direction constante.

X X.

Mais quand bien même nous ne pourrions pas réussir dans cette recherche, qui tient de si

près au ſyſtême général de l'U-
nivers, cela empêcheroit-il que
nous n'euſſions bien expliqué les
phénomenes de l'aiman indépendamment de tant de mouvemens
inconcevables, & de tant de figures imaginées à plaiſir dans les
parties de ces corps ? de tant de
poils dont l'organiſation & l'arrangement eſt ſi exquis, & dont
les cauſes mécaniques ſont ſi ca-
chées ? Comme Galilée & pluſieurs autres Philoſophes ont expliqué ceux de la peſanteur,
quoiqu'ils ne nous ayent pas découvert la cauſe de ce premier
effet? Et ne ſeroit ce pas aſſez d'a-
voir ramené tant de proprietés
de l'aiman ſi variées à une ſeule
proprieté conſtante & invariable,
comme les Géometres le prati-
quent lorſqu'ils nous ramenent
pluſieurs belles découvertes géo-
métriques à la quadrature ſup-
poſée du cercle, de l'hiperbole

&

& d'autres lignes courbes.

Il paroît au contraire que nous avons fait à l'égard de l'aiman ce que Copernic a fait à l'égard du systême du monde. Ptolomée, séduit par les sens avoit disposé la Terre & les Planetes d'une certaine façon, & cet ordre avoit rempli l'Univers d'une infinité de mouvemens incompréhensibles, qui ne pouvoient s'accorder en aucune sorte aux loix des Mécaniques. Copernic en posant simplement le Soleil où Ptolomée avoit mis la Terre, & la Terre où Ptolomée avoit placé le Soleil, a fait évanoüir tous ces mouvemens prodigieux & contradictoires.

Pour moi en attribuant à la matiere magnetique la proprieté de se diriger vers les poles de la Terre, qu'on attribuoit immédiatement à l'aiman, j'ai de même fait évanoüir un bon nombre de

ces mouvemens & de ces difpo-
fitions inconcevables qui n'ont
jamais exifté que dans l'imagination des Phifciens qui en ont
parlé, & j'ai difpofé le magnetifme à fubir les loix generales du
mécanifme.

XXI.

Cependant fi nous confiderons que la Terre a pû être fluide avant que d'être devenuë
dure, comme nous la voyons;
que dans cet état la Terre étant
le centre d'un grand tourbillon
qui s'étend par de-là la Lune,
dans lequel la régle de Kepler
s'obferve, elle ne peut être re-
gardée que comme un tourbillon de même nature. Et que la
régle de Kepler n'a pû y être
obfervée, à moins que tous
les points qni y circulent à une
égale diftance du centre n'y
ayent eu une égale viteffe.
Ainfi que je l'ai démontré dans

le Mémoire de 1728, & peut-être encore plus diftinctement dans mes Leçons de Phifique; il eft clair que les points de la Terre, dans l'état de fluidité, ont dû fuivre cette même loi.

Mais lorfque la Terre eft devenuë un corps dur, alors cette loi n'a pû y être obfervée à l'égard de fes parties folides, c'eft-à-dire; que les points pris à une égale diftance de fon centre, comme font ceux de fa fuperficie, n'ont pû conferver une égale viteffe; car il faudroit pour cela que les points qui font voifins des poles, fiffent un nombre comme infini de révolutions, durant le tems que ceux qui font vers l'équateur n'en feroient qu'une; au lieu que la dureté de la Terre exige que ceux qui font vers fes poles ne faffent qu'un tour durant le même tems.

Mais les parties fluides contenuës dans le globe de la Terre,
ayant communication par les pores avec les parties les plus fluides de son tourbillon, qui suivant la loi de la circulation, ne
peuvent souffrir une telle contrainte, elles doivent tendre à
circuler plus promptement vers
les poles que vers l'équateur, &
d'autant plus promptement qu'elles sont plus voisines des poles.
Et les obstacles que les parties
dures de la Terre apportent à ce
mouvement, doivent les porter
à sortir du côté des poles dans les
directions des rayons ; tandis que
d'autres parties de la même ma.
tiere rentreront dans les pores
de la Terre du côté de l'équateur, en suivant les mêmes directions des rayons, pour rem-
placer celle qui en sort par les
poles.

Or les parties de cette matie-

re, qu'on peut supofer très-fub-
tiles, & pareilles à celles du premier élément de Defcartes, ou à
celles dont les petits tourbillons
du P. Malebranche font formés,
fortant du côté des poles avec
une vitefle d'autant plus grande
que n'eft la vitefle de celles qui
rentrent dans la Terre du côté de
l'équateur, que l'étenduë de la
fuperficie de la Terre comprife
entre les cercles polaires & les poles eft moindre que celle qui eft
comprife entre les deux tropiques. Les parties, dis-je, de cette
matiere très-fubtile, qui fortent
du côté des poles, doivent entraîner avec elles plufieurs petits
corps ronds & folides qu'elles auront pénétrés felon cette direction, lefquels fe répandront de
toutes parts dans l'air qui environne la Terre.

Mais comme cette matiere
fubtile du premier élément va

encore plus vîte que ces petits corps, que nous prenons ici pour les parties de la matiere magnetique, dont la grandeur ne peut exceder celle des parties du second élément ; il est clair que cette matiere très-subtile du premier élément, formera tout autour des globules magnetiques, dont elle traverse les axes, un petit tourbillon semblable à celui que l'on concevoit être autour d'une pierre d'aiman *AB* (fig. 1).

C'est-à-dire, que cete matiere beaucoup plus subtile que la matiere magnetique dont la subtilité est néanmoins égale à celle de l'éther, puisqu'elle passe à travers les pores du verre, & dont la vitesse est beaucoup plus grande, entrera dans chacun des petits corps magnetiques *ab* (fig. 3 5) par le pole *a* qui regarde le pole Boreal de la Terre, sortira

par *b* qui tend vers le pole Auſtral.
Et à cauſe que tout eſt plein, &
que cette matiere ſubtile, en traverſant les pores du globule magnetique *ab*, doit aller plus vîte
que lorſqu'elle en eſt ſortie, ou
elle trouve un eſpace plus large ;
il eſt clair, dis-je, que cette matiere très-ſubtile, ſortant du côté de *b* ſe détournera vers *c*, *d* &
tout-autour de l'axe *ab*, ren-
trera du côté de l'autre pole *a*,
pour refaire continuellement le
même chemin. De ſorte qu'elle
formera enfin tout-autour du
globe magnetique *ab* un petit
tourbillon *abcd*, tel que Deſcartes le concevoit, autour d'une
pierre d'aiman & du globe de la
Terre ; mais qui ne renfermera
aucun des inconveniens qui ſe
rencontroient dans ces grands
tourbillons. Parce qu'ici il n'eſt
pas néceſſaire de ſuppoſer que les
globules magnetiques tournent

fur leurs axes, ni par conféquent que les parties de leurs tourbillons ayent des mouvemens contraires, & qu'elles peuvent n'avoir que celui qui va d'un pole à l'autre.

XXII.

D'où il fuit enfin que tous ces petits corps pourront être confiderés comme de vrais petits aimans, 1°. Dont les atmofpheres feront entretenuës par un principe de mouvement conftant & perpetuel, produit par le mouvement journalier de la Terre. 2°. Dont les poles feront invariables, parce que ces petits corps auront la liberté de piroüetter fur leurs centres. 3°. Et que ces petits corps lorfqu'ils feront en liberté, dirigeront leurs poles du Nord au Sud, qui eft la direction qu'ils auront prife au fortir des poles de la Terre, & que la matiere fubtile qui forme leurs petits tourbillons , entretiendra ; comme on voit que les aiguilles aimantées *M*, *N*, *O* , &c. (fig. 33) aufquelles on préfente le pole *B* d'un grand aiman s'arrangent toutes felon la direction *ab* , & par les mêmes moyens dont on a fait ufage jufqu'à préfent dans l'explication des Phénomenes de l'aiman. Excepté qu'il ne faudra y employer ni écroux , ni vis , ni poils , ni mouvemens qui fe croifent , à caufe qu'il n'eft jamais néceffaire que les poles de ces petits aimans varient ; & que la matiere fubtile du premier élément qui aura une fois commencé d'entrer par un côté d'un de ces globules , & de fortir par l'autre , pourra fans ceffe continuer à fuivre la même route , fans qu'il foit jamais néceffaire d'y fuppofer la moindre interruption , à caufe que la matiere très-fubtilé du premier élé-

ment qui fortant continuellement des poles de la Terre, &
fe mêlant avec celle qui forme
les petits tourbillons des globules magnetiques, entretient le
mouvement dans ces petits tourbillons, fans quoi il me paroît
qu'il cefferoit bientôt fuivant les
loix des Mécaniques.

XXIII.

Ainfi lorfque deux ou plu-
fieurs de ces globules AB, ab, ab,
&c. (fig. 35) feront fitués comme
on le voit ici; la matiere fubtile
qui viendra de A & fortira par B,
entrera par a & fortira par b,
continuëra d'entrer par a & de
fortir par b, & ainfi de fuite; ce
qui donnera à ces globules une
direction conftante. De forte que
fi par hazard deux de ces globules étoient fitués comme dans
la fig. 32, la matiere fubtile, qui
venant du pole Boreal de la Terre, entrant par A, fortant par B,

& rencontrant entre *B* & *b* la matiere du tourbillon du globule *ab* qui venant de *a* fort par *b* ; la matiere qui fort de *B* ne pourra pas entrer par *b*, puifqu'il y en a une autre qui fort par *b* qui en occupe toutes les iſſuës ; mais elle rebrouſſera vers *C*, *D*, & celle qui fort de *b* rebrouſſera vers *c*, *d*. D'où il ſuit que les deux tourbillons qui naîtront de là, ſe combattant par leurs forces centrifuges, le plus fort *AB* qui (art. 8) eſt toujours celui qui eſt du côté du pole de la Terre, où réſide la plus grande force magnetique, vaincra le plus foible, l'obligera de faire un demitour, & de préſenter ſon pole *a* au pole *B* comme dans la (fig. 31).

Mais comme les tourbillons des globules *AB*, *ab*, *ab*, &c. (fig. 35) de la matiere magnetique dirigés dans l'ordre convenable, paroiſſent devoir s'appro-

cher l'un de l'autre. Il eſt néanmoins facile de concevoir que
toute la matiere qui ſort de *B*
à cauſe de l'extrême viteſſe avec
laquelle elle circule , peut ne
pas pouvoir paſſer par *a*, mais
ſeulement quelques filets de cette matiere entrainés par le courant de la matiere *ca*, *da*, ce qui
ſuffit pour la direction des petits
corps magnetiques ; d'où il ſuit
que les autres continuëront leurs
routes de *B* par *C*, *D*, vers *A*, *B*;
& que ceux qui ſortiront de *b* re-
viendront pour la plûpart vers *a*,
b, par *c*, *d*; ce qui empêchera que
ces globules ne ſe joignent, & ne
compoſent un corps dur.

XXIV.

Mais il n'eſt pas néceſſaire
pour expliquer les phénomenes
de l'aiman, que ces globules magnetiques rentrent dans la Terre,
ni qu'ils circulent dans l'air d'un

pole à l'autre, comme Deſcartes
l'avoit ſuppoſé. Car il ſuffit, ainſi
que nous l'avons expliqué ſi au
long dans ce Memoire, qu'ils y
demeurent tellement arrangés,
que leurs poles *a* regardent toujours le pole Boreal de la Terre,
& leurs poles *b* le pole Auſtral;
& nous venons ce me ſemble de
décrire aſſez diſtinctement la
cauſe de cet effet.

De ſorte qu'il nous ſuffit de
penſer que la Terre, après avoir
fourni à l'air une quantité ſuffiſante de globules magnetiques,
a pû dans la ſuite ceſſer d'en
fournir de nouveaux, ou de ne
continuer d'en fournir que fort
peu; comme nous voyons qu'elle
ne fournit pas ou que très-peu de
nouvelle eau. Que la Terre a
fourni de ces petits corps magnetiques autant que l'air a pû s'en
charger, & qu'elle a conſervé
les autres dans ſon ſein; comme

l'on voit que l'eau ne se charge de sels qu'autant qu'elle en peut supporter, & que le reste demeure au fond du vaisseau sans se dissoudre.

XXV.

On pourra même expliquer plus commodément par le même moyen la déclinaison de l'aiman. Car comme il ne s'agit plus ici d'un mouvement circulaire d'un pole à l'autre par les méridiens; mais seulement d'une simple direction des axes des petits globules de la matiere magnetique, qui peut changer sans aucun empêchement, & couper diversement les méridiens de la Terre, selon que l'endroit de sa superficie du côté du Nord, qui fournira de la matiere magnetique avec plus d'abondance, pourra changer de situation, soit en elle-même, soit à l'égard des divers lieux du globe terrestre, suivant

que ces lieux seront plus orien-
taux, ou plus occidentaux à l'é-
gard de ce foyer ; & cela par les
mêmes causes que les mines des
métaux & des minéraux en changent quelquefois, qu'elles s'épui-
sent, & qu'il s'en forme de nouvelles ; on verra enfin que les
axes des petits globules magnetiques qui doivent toujours se
diriger vers le foyer qui est le
plus fort, n'étant pas nécessités
à suivre la direction des méridiens, comme il sembloit que
cela devoit arriver selon l'explication de Descartes, se tourneront tantôt vers un point éloigné
du pole de quelques degrés, &
tantôt vers un autre plus ou
moins voisin du même pole. De
sorte qu'il paroîtra enfin que toutes les difficultés du magnetisme
auront été éclaircies dans ce Mémoire, & tous ses petits misteres
dévelopés.

REMARQUE

Sur l'Electricité.

I. Lorſque dans un tems ſec médiocrement chaud, ou d'une belle gelée, on frotte rudement un bâton de ſoufre ou un tuyau de verre long d'environ trois pieds & d'un pouce de baſe, avec la main, un linge, un morceau d'étoffe de laine ou de ſoye, une feüille de papier ſeché au feu, &c. & qu'on lui préſente à la diſtance de 10 ou 12 pouces des petites parcelles de feüilles d'or, des pailles & autres particules legeres, on voit que ces petits corps s'approchent d'abord de la ſuperficie du tuyau, qu'enſuite ils s'en éloignent, & qu'enfin comme autant de petits aſtres, ils s'arrêtent & ſe tiennent ſuſpendus en l'air au-deſſus du tuyau, à 12 ou 15 pouces de diſtance plus ou moins grande

grande felon qu'ils font plus ou moins legers, fans toutefois fe mouvoir en aucun fens. C'eft ce qu'on appelle *Vertu électrique.*

Anciennement on n'attribuoit cette vertu qu'à l'Ambre jaune, qu'on nomme en latin *Electrum*; mais maintenant plufieurs Phifi-ciens, entr'autres M. du Fay, (Mem. de l'Acad. 1733 & 34.) qui a examiné ce phénomene avec un très-grand foin, ont re-connu,

1°. Que fi l'on en excepte les métaux, généralement tous les corps capables de fouffrir un ru-de frottement font plus ou moins fufceptibles de cette vertu avec cette feule différence que M. du Fay a remarqué, que les uns l'acquierent par le fimple frot-tement, fans les faire chauffer, que ceux-ci l'acquierent plus abondamment & avec plus de promptitude & de facilité, lorf-

qu'on les fait chauffer , & que
les autres n'acquierent cette même vertu qu'en les faifant chauffer plus ou moins, avant que de
les frotter , & on a remarqué que
c'eſt ordinairement l'humidité
qui s'attache à la fuperficie des
corps qui les empêche de devenir électriques par le frottement.

2°. Que quand on frotte un
corps électrique dans un lieu
obſcur , on voit auſſi-tôt une lumiere qui fe répand autour de
leur fuperficie , & que fi on en
approche le bout du doigt à une
certaine diſtance , on entend un
petillement fur la fuperfieie du
corps , & on en voit fortir du
point oppoſé au doigt un trait de
flamme vive & piquante qui tend
au doigt , & y cauſe une douleur
fenſible , & une efpece d'engour-
diſſement ; après quoi la flamme
retombe fur la fuperficie du corps
en forme de pluye de feu , s'é-

tend tout à la ronde, & détruit à l'instant toute la vertu électrique qu'on avoit excitée autour de ce corps.

3°. Que lorsqu'on a rendu un corps électrique par le frottement, si on l'approche d'un autre corps, quel qu'il soit, dur ou fluide, ce corps sans qu'on le frotte, devient aussi-tôt électrique, de telle sorte que les corps comme l'eau, les métaux, &c. qui ne font susceptibles d'aucune électricité par le frottement, font ceux qui acquierent le plus d'électricité par *communication*, qui en absorbent davantage, & qui en font les plus avides, &c.

4°. Que non-seulement les corps inanimés, mais aussi les corps vivans, d'un arbre, d'un animal, d'un chat, d'un homme, &c. acquierent la vertu électrique, par communication, à la seule approche d'un corps

rendu électrique par le frottement, & que les corps des animaux morts, des plantes mor-
tes l'acquierent pareillement.

5°. Que les molécules d'or ou
d'autre matiere légere qui se
tiennent suspenduës dans l'atmosphere d'une boule de verre
ou de soufre, à une distance plus
ou moins grande, selon qu'elles
sont plus ou moins légeres, tendent toujours à se placer dans la
ligne verticale qui passe par le
centre de la boule ; de sorte que
celles qui sont à côté de cette ligne, ou tombent à terre par leur
propre poids, ou y sont repous-
sés par la vertu électrique de la
boule.

6°. Que lorsqu'on meut sur son
centre une boule de verre *A*,
(fig. 36) renduë électrique par
le frottement, en quelque sens
que ce soit, les particules d'or
qu'il a alors attirées & repoussées,

ne ceffent de fe tenir dans la ligne verticale *AD* ; mais que lorfqu'on tranfporte le centre de la
boule, la molécule d'or fuit fon
mouvement ; & on peut la con-
duire par ce moyen dans tous les
coins de la chambre où l'on fait
l'expérience, à moins que quelque foufle de vent, ou quelqu'autre caufe étrangere, n'y mette
obftable.

II. Il refulte de ces premieres
obfervations & de plufieurs autres raportées dans les Mémoires de M. du Fay, que j'exhorte
le Lecteur de voir avec foin.
1°. Que par le frottement il fe forme autour d'un corps électrique
(fig. 36) une efpece d'atmofphere, ou de broüillard que l'on fent
fur le vifage lorfqu'on en approche le corps, comme fi on y ap-
pliquoit une toile d'araignée, laquelle paroît d'autant plus forte
qu'on en approche le corps de

plus près. 2°. Qu'il n'est pas nécessaire de supposer que les particules de cette atmosphere circulent en quelque sens déterminé,
autour du centre du corps électrique *A*, puisque la molécule
d'or lorsque la boule demeure
fixe, ne suit aucun de ces mouvemens, & reste constamment
suspenduë à un même point *b*,
quoiqu'au moindre mouvement
de la boule *A*, les molécules de
cette atmosphere ayent la force
d'entraîner avec elles les particules d'or dans tous les coins de
la chambre.

3°. Qu'enfin les couches concentriques dans lesquelles cette
atmosphere peut être distribuée,
sont d'autant plus denses, qu'elles sont plus voisines du corps
électrique *A*; puisque cette atmosphere fait sur le visage une
impression d'autant plus forte
qu'on en approche ce corps de
plus près.

III. L'atmofphere qui fe forme autour des corps qui deviennent électriques par le frottement
étant lumineufe dans l'obfcurité
& prenant feu lorfqu'on en approche le doigt ; on ne peut douter que les particules de cette atmofphere, ne foient de veritables
molécules d'huile qui, étant for-
ties des pores du corps qu'on a
frotté, fe font extrémement étenduës dans les pores de l'air, puifque ce n'eft qu'aux molécules de
l'huile qu'on doit attribuer la
vertu de s'enflamer. Ainfi l'on
peut penfer felon nos principes,

1°. Que tant que ces molécules d'huile font contenuës dans
les pores du corps électrique, elles
ne font que des tourbillons incomparablement plus petits que
ceux dont l'huile ordinaire eft
compofée, lefquels font équilibre avec un milieu élaftique de
l'éther dont les tourbillons font

incomparablement plus petits que ceux du premier élément.

2°. Que par le frottement ces petits tourbillons ayant acquis un nouveau mouvement dans les pores du corps électrique ont rompu cet équilibre, & en font fortis en s'agrandiffant de plus en plus pour paffer dans les pores de l'air, ou plutôt dans ceux du fecond élément dont les tourbillons de l'air font formés ; où elles ont acquis la grandeur convenable aux petits tourbillons de l'huile ordinaire, lefquels font tout près de rompre l'équilibre avec ceux du premier élément, qui les retient dans leurs bornes, & dont quelques-uns en petit nombre, rompant en effet cet équilibre exciteront cette foible lumiere que l'on voit dans l'obf-curité.

3°. Que les petits tourbillons contenus dans les pores du corps électrique,

électrique, & qui en sont sortis en vertu du frottement, ayant commencé à rompre l'équilibre avec le milieu élastique qui les retient, ceux qui prendront leur place dans le centre des pores de ce corps, continuëront à rompre ce même équilibre, & à en sortir de la même façon que les premiers, & ainsi de suite, jusqu'à ce que l'humidité de l'air ou quelqu'autre cause que ce puisse être interrompe cette harmonie établie par le frottement.

4°. Qu'à mesure que ces molécules d'huile très-fines sortiront des pores du corps électrique, c'est une nécessité, à cause que tout est plein, qu'il y en entre d'autres qui voltigent dans l'air, pour remplir la place des précédentes. D'où il suit qu'un tuyau de verre rendu électrique par le frottement, ne perdra pas pour cet effet la puissance de

devenir une seconde fois électrique en le frottant de nouveau; comme nous avons vû (Leçon 4. Pr. 7) que l'eau dont on
avoit tiré l'air par l'exercice de
la pompe , ne doit pas laisser d'en
fournir , fort peu de tems après
qu'on l'a exposée à l'air libre, une
aussi grande quantité que la premiere fois ; car c'est ici le même
mécanisme.

5°. Que lorsque ces molécules d'huile qui sont tout près de
rompre l'équilibre avec celles du
premier élément, & de s'enflamer par conséquent , viendront
à se mêler avec d'autres molécules plus grossieres , telles que
peuvent être celles de l'insensible transpiration qui sortent du
bout du doigt qu'on approche du
corps électrique ; il n'est pas surprenant que ces deux matieres
extrêmement fluides contenuës
dans les pores de l'air venant à

se mêler, y fermentent, & qu'en
conséquence elles prennent feu
vers la superficie du corps frotté,
où la matiere électrique est en
plus grande abondance ; ni que
cette flâme se porte d'abord vers
le doigt d'où sort la matiere qui
produit cette fermentation ; ni
que cette flâme se répande ensuite dans toute l'atmosphere
électrique, consume toutes les
molécules de l'huile dont elle est
formée, & détruise en un instant toute cette atmosphere.

6°. Que quoique l'or & les autres métaux n'acquiérent pas la
vertu électrique par le simple frottement, ce n'est pas à dire pour
cela que ces corps ne contiennent
dans leurs pores aucune de ces
molécules d'huile très fines ; mais
que c'est plutôt qu'elles y sont en
très-grand nombre, & que la
quantité de mouvement que l'on
peut leur communiquer par le

frottement, se distribuant par égale part à toutes ces molécules, il n'en reste pas assez à chacune pour rompre l'équilibre avec le milieu élastique qui les contient dans leur état & dans leurs bornes ; ce qui est cause qu'on n'a pû encore parvenir à rendre les métaux électriques, par le frottement ; & que la plûpart des autres corps ne peuvent le devenir par ce moyen, à moins qu'on ne les chauffe, & que par la chaleur du feu ces molécules de l'huile ayant commencé à s'étendre & à se rarefier, le frottement n'acheve de les développer entierement.

7°. Mais que lorsque l'atmosphere d'un tuyau de verre, ou d'un autre corps devenu électrique par le frottement se répand sur la superficie d'un morceau d'or, par exemple ; il doit arriver la même chose sur cette superficie qu'il arrive sur celle de l'esprit de vin, lorsqu'on en approche la flâme d'une bougie. Les molécules de cette huile très-fines, dont nous avons parlé, contenuës dans les pores de ce métal, & qui sont les plus voisines de sa superficie, doivent aussi-tôt s'étendre & passer dans les pores de l'air, communiquer leurs mouvemens à celles qui les suivent, & former autour de ce corps une atmosphere semblable à celle qui est autour du tuyau de verre. Par ce moyen, ce corps qui ne pouvoit pas devenir électrique par le frottement, le devient incontinent par la communication.

IV. Lors donc qu'ayant rendu électrique un globe de verre, on en approche de petites particules de feüilles d'or posées sur un carton, & que l'on voit que ces feüilles quittent le carton pour s'approcher du globe, bien loin qu'on doive être porté à croire que ce mouvement ne puisse s'executer autrement que par la suppofition d'un principe d'*attraction* & de *répulfion* indépendante de l'impulfion, on ne doit pas même être beauconp furpris de cet effet. Car,

1°. Le globe *A* (fig. 3 3) étant environné d'une atmofphere électrique *C D E F*, dont les couches font d'autant plus denfes, qu'elles font plus voifines du globe, on voit que les molécules de cette atmofphere qui environnoient la particule d'or *B*, exciteront à l'inftant autour de ce petit corps une petite atmofphere *MN*, dont les couches qui fe formeront fucceffivement, ne pourront pas d'abord être concentriques, mais plus étenduës du côté *N*, dont la matiere électrique leur vient en plus grande abondance, que du côté *M*, où les couches électriques du globe *A* sont plus rares, & le petit corps *B* sera donc d'abord placé au foyer de ces couches électriques le plus éloigné du globe *A*.

2°. Le milieu élastique qui environne l'atmosphere *MN* tendant sans cesse à donner à ces couches la figure ronde, à les rendre concentriques, & à pousser le corps *B* vers le centre *O* ; ainsi que nous l'avons expliqué ci-dessus (pag. 372) ; on voit évidemment que le petit corps *B* doit se mouvoir de *B* vers *O* , & qu'il s'approchera nécessairement du côté du globe *A* , tant que les couches de son atmosphere *MN* continuëront à se former.

3°. Le petit corps *B* ne pouvant se mouvoir de cette sorte & recevoir continuellement de nouvelles secousses vers *A* , que son mouvement ne s'accelere , &

qu'il n'aille vers *A* avec une plus grande viteſſe que n'eſt celle que le milieu environnant peut lui communiquer ; cette acceleration de viteſſe ſera cauſe que le petit corps *B* parvenu en *b*, aura paſſé du foyer de ſes couches éliptiques le plus êloigné du centre *A* au foyer *b* qui en eſt le plus voiſin.

4°. D'où il ſuit que lorſque le petit corps *B* ſera parvenu en *b*, le milieu élaſtique environnant le repouſſera de *b* vers *o* ; & que ce petit corps s'éloignera verticalement du corps électrique *A* juſqu'à ce que ces couches ſoient devenuës concentriques, comme on le voit en *P*, ou plutôt juſqu'à ce qu'il y ait équilibre entre la force élaſtique du milieu environnant qui le repouſſe de *A* vers *D*, & le poids de ce corps qui tend à le mouvoir vers *A* ; ce qui ſera cauſe que les petits corps que le tuyau de verre aura attirés & repouſſés, ſe tiendront verticalement ſuſpendus au deſſus du corps *A* à une diſtance d'autant plus ou moins grande que leur poids ou leur volume ſera moins ou plus grand.

5°. Je dis verticalement, car parmi les molécules dont chacune des couches de l'atmoſphere électrique *C D E* eſt formée, il y en aura toujours néceſſairement certaines qui ſeront plus développées, & par conſéquent plus legeres que les autres, quoiqu'elles le ſoient moins que toutes celles de la couche environnante. D'où il ſuit que ces molécules plus legeres qui ſe rencontrent dans chaque couche, tendront au zénit où elles formeront une eſpece de dôme. Je veux dire ſeulement que les couches dont l'atmoſphere électrique *CDE*, ou *MNOP* (fig. 36) eſt for-

formée, feront un peu moins fer-
rées l'une à l'égard de l'autre du
côté du point vertical *D*, ou *N*,
que par tout ailleurs ; ce qui fera
caufe que les particules d'or ou
de toute autre matiere legere qui
fe tiennent fufpenduës dans cette atmofphere, étant pareillement environnées d'un petit tourbillon électrique, feront pouffées
vers ce point, où elles trouvent
moins de réfiftance, & où les
particules de leur atmofphere
pourront s'étendre plus aifément
que par tout ailleurs.

6°. Que les chofes étant dans
cette difpofition, s'il arrive qu'on
approche le doigt *R* (fig. 39) de l'atmofphere d'une de ces molécules
d'or, alors les particules de l'atmofphere *O P*, pouvant fe mêler
facilement avec celles qui environnent le doigt, les couches qu'-
elles forment trouveront moins
de réfiftance, à s'étendre du côté

de *R* que du côté de *A*, d'où il
suit que le fluide environnant,
qui tend à les rendre fphériques
& à pouffer le petit corps à leur
centre commun; ce fluide, dis-je,
fera mouvoir ce petit corps vers
le doigt *R*, lequel abforbant en
un inftant, toute la matiere qui
forme cette petite atmofphere,
laiffera le petit corps abandonné
à fon propre poids, qui l'entrainera vers le globe *A*, où il ac-
querrera une nouvelle atmofphere, qui le fera remonter verticalement vers le doigt *R*, où
il perdra de nouveau fon atmofphere, & ainfi de fuite.

V. M. du Fay a encore obfervé qu'il y avoit de deux efpeces
d'électricité, l'une qu'il nomme
vitrée, parce qu'elle procede du
verre, du criftal de roche, des
diamants, & generalement de
toutes les pierres précieufes tranf-
parentes ou opaques; & l'autre

qu'il nomme *résineuse* , parce qu'-
elle procede des corps résineux ,
comme l'Ambre , le Soufre , la
Cire d'Espagne , la Soye , &c. ce
qui jette un jour merveilleux sur
toute cette matiere.

Chacune de ces électricités
prises séparément , ont à peu près
les mêmes proprietés ; mais la vitrée s'étend ordinairement plus
loin que la résineuse , l'une &
l'autre se communique à tous les
corps qui n'ont point actuelle-
ment acquis d'électricité , avec
cette différence néanmoins que
ceux qui sont susceptibles de l'é-
lectricité résineuse ne reçoivent
par communication qu'une très-
petite impression de l'électricité
vitrée , & que ceux qui sont susceptibles de l'électricité vitrée ,
ne reçoivent qu'une très-médio-
cre impression de l'électricité résineuse.

De telle sorte que si l'on pré-

fente à un tuyau de verre rendu électrique par le frottement
quelques petites parcelles legeres
d'ambre ou de cire d'Efpagne
le tuyau les attirera bien jufqu'à
fa fuperficie; mais il ne les repouf-
fera pas, à caufe qu'il ne fe forme pas autour de ces petits corps
une atmofphere affez grande
pour pouvoir les foutenir en l'air,
réfifter à leur poids & à l'effort
du milieu élaftique, qui, comprimant l'atmofphere *CDEF*,
& chacune de ces couches concentriques, tend à les pouffer
contre la fuperficie du tuyau *A*
& à les y tenir attachées.

Lorfqu'on préfente un petit
morceau *B* (fig. 3 9) de foufre devenu électrique par le frottement à
un tuyau de verre électrique
A, le petit corps *B*, quoiqu'environné d'une atmofphere, s'approche du tuyau *A* & y demeure attaché; ce qui paroîtra fur-
prenant, fi on ne confidere que

la matiere électrique réfineufe
qui eft autour du petit corps *B*,
peut fe diffoudre dans la matiere
électrique vitrée, & les couches
de fon petit tourbillon s'étendre
plus fortement vers *N*, où la
force du diffolvant, eft plus grande que par tout ailleurs, ce qui
doit occafionner le mouvement
du corps *B* vers *A*; qu'enfuite ce
petit corps étant parvenu en *b*, &
toute fon atmofphere s'étant dif-
fipée durant le trajet, ce petit
corps reftera contre le tuyau,
comme l'experience le confirme.

VI. M. du Fay a attaché
une boule de bois à un des bouts
d'une corde de chanvre longue
de plus de 1200 pieds, foutenuë
horizontalement fur des filets de
foye, le long defquels la vertu
électrique vitrée ne s'échappe
point, à caufe que la foye répand par le frottement une électricité réfineufe, & ayant appro-

ché de cette corde un tuyau de verre rendu électrique par le frottement, d'abord à 100 pieds de distance de la boule, à laquelle la vertu électrique du tuyau s'est communiquée en peu de tems; puis ayant présenté le tuyau à la distance de 300, puis de 600, puis de 900 pieds, & enfin jusqu'à la distance de 1265 pieds de la boule, qui étoit toute la longueur de la corde, on a vû que la boule de bois a toujours attiré les petites feüilles d'or, à une distance considerable.

Quelque prodigieux que paroisse cet effet, il ne s'y présente néanmoins rien qu'on ne puisse aisément concevoir après tout ce que nous venons de dire. Si à un bout d'une méche de pareille longueur imbibée d'esprit de vin, on présentoit la flame d'une bougie, seroit-il surprenant que cette flame gagnât jusqu'à l'autre bout, & qu'elle se répandît sur le globe de bois, s'il en étoit moüillé lui-même ? on n'en seroit aucunement surpris.

La corde dont il s'agit contient dans ses pores un grand nombre de ces particules d'huile très-fines qui ne peuvent s'étendre ni s'élever dans les pores de l'air, à moins qu'elles n'y soient aidées par celles qui s'y sont déja répanduës autour du tuyau à l'aide du frottement. Ainsi lorsqu'on approche le tuyau de la corde, il s'excite d'abord autour de l'endroit de la corde le plus voisin du tuyau une atmosphere qui s'étend ensuite successivement jusqu'à la boule de bois qui contient dans ses pores de pareilles molécules fines qui ne se seroient jamais développées, si celles qu'il reçoit de la corde ne les avoient disposées à cet effet.

Fin de la Leçon XIV.

OBJECTION

*Contre l'existence des petits
Tourbillons.*

MOnsieur Baniere qui vient
de publier un Traité de la
lumiere & des couleurs, n'ayant
pas jugé à propos de faire usage
du principe des petits tourbillons,
qui lui auroit fourni la cause mécanique de l'élasticité qu'il attribuë pourtant aux molécules de la
lumiere, sans s'enquerir d'où elle
peut lui venir, ne s'est pas con-
tenté de laisser là les tourbillons
pour ce qu'ils valent, mais il a
employé toute la sagacité de son
esprit pour imaginer une raison
nouvelle qui les détruit à son avis
si absolument, qu'il n'en doit jamais plus être parlé. De sorte que
ce que M. Newton & toute son

Ecole n'ont pû exécuter depuis plus de soixante ans, M. Baniere prétend l'avoir fait en un instant & sans replique, par une raison nouvelle & qui avoit échapé à ce grand homme & à tous ceux qui ont suivi ses sentimens : Voici ses termes.

» L'existence des vorticules du
» P. Malebranche, dit - il (*Pref.*
» *pag.* 44.) n'est pas mieux éta-
» blie que celle des globules de
» M. Descartes ; quelque belle
» & quelque ingénieuse qu'en
» paroisse l'invention, quelqu'é-
» tendu qu'on nous dise qu'est
» leur usage, quelques efforts
» qu'ait fait un grand * Philoso-
» phe de nos jours pour lés ac-
» créditer, & pour avancer leur

* C'est apparemment de M. Bernoulli dont l'Auteur veut parler, & dont on vient de publier un Mémoire sur la Lumiere, qui a remporté le prix de 1736, dans lequel M. Bernoulli fait usage des petits tourbillons du Pere Malebranche.

» fortune ; on ne nous perfuadera
» pas leur réalité, on ne nous fur-
» prendra pas par tous ces dehors
» fpécieux. Nous ne fçaurions ad-
» mettre des corps dont la confer-
» vation ne peut s'accommoder
» avec les loix de la Mécanique ,
» dont la nature emporte avec foi
» la deftruction , & dont les pro-
» priétés annoncent la ruine. Ceci
» (continuë t'il) eft manifefte; car
» comme ces petits tourbillons
» font des corps fphériques ou el-
» liptiques , comme en un mot ces
» corps font compris fous des fur-
» faces courbes , ils ne peuvent
» point fe toucher immédiate-
» ment par tous les points de leur
» furface , ils laiffent entr'eux des
» efpaces angulaires , lefquels ne
» fçauroient être exactement rem-
» plis par d'autres tourbillons;c'eft
» ce qu'on conçoit exactement.

» On aura beau (continuë t'il)
» multiplier les ordres & les efpe-

» ces de ces petits tourbillons, en
» placer de plus petits dans les eſ-
» paces que les plus grands laiſ-
» ſent entr'eux, & encore des plus
» petits entre les eſpaces que laiſ-
» ſent ces derniers, & cela juſqu'à
» l'infini ; tout ce qu'on gagnera
» par là, c'eſt qu'on multipliera
» les eſpaces qui deviendront de
» plus petits en plus petits ; mais
» ils ne ſeront jamais totalement
» remplis. D'où ſuit néceſſaire-
» ment (conclut l'Auteur) la
» deſtruction des vorticules. Car
» comme ils ont une grande force
» centrifuge, & que chacune de
» leurs parties fait des grands ef-
» forts pour s'éloigner du centre
» de ſon mouvement, ces parties
» s'échaperont par ces petits eſpa-
» ces dont nous venons de parler,
» & du côté deſquels ils ne ſont
» pas repouſſés, ni contrebalan-
» cés ; de-là leur mouvement cir-
» culaire ceſſera, & le petit tour-

» billon fera détruit ; ce qui arri-
» vera dans tous les points de l'ef-
» pace qu'on dit être rempli par
» ces petits tourbillons ; puifque
» le même inconvénient fe trou-
» ve dans tous les points de cet
» efpace.

» Rien de plus fimple (ajoute-
» t'il encore) ni de mieux prouvé
» que cette vérité.... Il n'y a au-
» cune de ces Propofitions qui
» n'ait été géométriquement dé-
» montrée, tout le monde en
» reconnoît la certitude.

R E P O N S E.

L'Auteur fuppofe donc que le
P. Malbranche a fubdivifé les efpaces angulaires que les tourbillons laiffent néceffairement entre
éux, en d'autres petits tourbillons, pour obvier à la difficulté
que l'Auteur vient de former,
mais quoique cette fubdivifion

soit seule capable d'anéantir cette
difficulté, à laquelle le P. Malebranche n'a pas seulement pensé;
ce n'est pas certainement pour y
répondre, mais pour un dessein
bien plus important qu'il l'a ima-
ginée.

Notre Auteur prétend donc:
que de ce que les derniers, ou
même si l'on veut, les premiers petits espaces angulaires ne seront
pas remplis par de petits tourbillons, les tourbillons extérieurs à
ces espaces, & qui les environneront de toutes parts, se détruiront par eux-mêmes; à cause que
les points qui les composent ayant
une grande force centrifuge, s'é-
chaperont à travers ces espaces.

Mais il est facile de lui répondre que ces points ne s'échaperont
pas par ces espaces, quelque
grande que soit leur tendence à
s'en échaper; & cela par cette
raison purement mécanique: que

les points qui forment les tourbillons environnans, ne peuvent
entrer dans les espaces angulaires qu'ils laissent entr'eux , à
moins que la matiere dont ces
espaces sont remplis , & qui ne
laisse pas d'être impénétrable ,
quoiqu'elle n'ait pas acquis la
forme de tourbillon , ne sorte de
ces espaces.

Or la matiere qui remplit ces
espaces angulaires ne peut en
sortir , par la raison : *que tout est
plein.* Car apparemment l'Auteur qui dispute contre le P. Malebranche , lui accorde le premier principe des Cartesiens &
des Péripatéticiens : qu'*il n'y a
point de vuide dans la nature* , sans
quoi tout son discours ne porte-
roit sur rien.

D'ailleurs, quoique la matiere
contenuë dans les espaces angulaires , soit fortement poussée
d'un côté par l'effort centrifuge

d'un des tourbillons qui l'environnent, elle n'est pas moins fortement poussée de tous les autres côtés par tous les autres tourbillons ; ce qui doit nécessairement produire l'équilibre, & par conséquent la destruction de tous ces efforts contraires, qui se balanceront nécessairement.

Que l'Auteur ne dise donc pas : » Que rien n'est mieux prouvé » que cette vérité (la destruc- » tion des tourbillons.) On lui accorde » Que les vorticules » font des corps compris fous » des surfaces courbes. Qu'ils » ne se touchent donc pas les » uns les autres par tous les » points de leurs superficies. » Qu'encore les parties de ces » petits tourbillons font déta- » chées, & ont un grand mou- » vement circulaire. Qu'elles font » donc effort pour s'écarter du » centre de leur mouvement.
» Qu'elles

» Qu'elles doivent en effet s'en
» écarter, à moins qu'elles ne
» rencontrent de tous côtés des
» obstacles insurmontables.

On lui accorde tout cela : mais
on lui nie. » Que ces particules
» ne rencontrent point d'obsta-
» cle du côté par lesquels ces pe-
» tits tourbillons ne se touchent
» pas. Qu'elles s'échaperont donc
» par ce côté. Que le petit tour-
» billon sera ainsi détruit. Qu'il
» n'y a aucune de ces Proposi-
» tions qu'on ne puisse démon-
» trer, ou pour mieux dire, qui
» n'ait été géometriquement dé-
» montrée. Que tout le monde en
» reconnoît la certitude.

On lui soutient au contraire :
Que les particules de ces petits tour-
billons rencontrent de grands obsta-
cles. L'impénétrabilité de la matiere contenuë dans ces angles.
L'impossibilité que cette matiere
en sorte à cause que tout est

Q q

plein. Le balancement mutuel des forces contraires des tourbillons environnans, qui fait que ces forces se détruisent à chaque instant, & qu'elles laissent en repos les particules de la matiere contenuës dans ces angles. Que par conséquent ; *ces particules du petit tourbillon ne s'échaperont pas par ce côté.* Que *le petit tourbillon ne sera donc pas ainsi détruit.* Qu'*il n'y a aucune de ces Propositions, contradictoires* à celles de l'Auteur, *qu'on ne puisse démontrer, ou pour mieux dire, qui n'ait été géométriquement démontrée.* Que *tout le monde en a toujours reconnu la certitude ;* par la raison, que personne avant lui ne s'étoit avisé de faire une objection si frivole contre la possibilité du mouvement circulaire dans le système du Plein, & qu'enfin l'Auteur n'a pas raison de chanter si haut *Victoire.*

On lui foutient encore; que presque généralement toutes les moindres particules de la matiere étant dans un très grand mouvement: mouvement que toutes les expériences de la Chimie prouvent invinciblement; il n'est pas possible que dans le systême du Plein toutes ces particules continuent à se mouvoir en tous sens en lignes droites. D'où il suit que c'est une nécessité absoluë d'admettre le mouvement circulaire dans la nature; & que par conséquent toutes les objections que l'on peut former contre l'existence de ce mouvement; ne peuvent être que mal fondées.

Que c'est contre la raison de dire que les petits tourbillons n'existent pas, parce qu'on peut se passer de leur existence dans l'explication de la lumiere, en supposant que les rayons sont composés de petits corps durs élastiques, sans se mettre en peine d'où peut proceder cette élasti-cité, laquelle néanmoins est une proprieté évidemment inseparable du tourbillon. Car c'est tout comme si un fabricateur d'eau de vie qui n'auroit jamais vû ni raisin ni vigne, répondoit à celui qui lui en parleroit, que ces êtres sont phantastiques, parce que pour faire son eau de vie, il n'a besoin que de vin que l'on trouve communément au marché, sans qu'il soit accompagné ni de raisins ni de vigne.

Qu'enfin lorsqu'on entreprend d'expliquer un phénomene, il ne faut pas le considerer comme si c'étoit le seul effet que la nature a produit, ni qu'il puisse être expliqué aux dépens de l'explication de tous les autres.

Par ce petit échantillon on peut juger de la solidité des raisonne-mens que l'Auteur emploie pour

réfuter nommément les opinions
des Auteurs les plus fameux qui
ont parlé de la lumiere & des
couleurs, comme s'ils n'avoient
rien dit fur ce fujet qui méritât
notre attention, & qu'on pût ajuf-
ter aux nouveaux phénomenes.

Mais c'eft fur tout au P. Malebranche qui, de l'aveu de toutes les Nations, eft celui qui a
délivré la Philofophie entiere de
plus d'erreurs, à qui il adreffe
fes traits les plus picquans. D'a-
bord il le rend refponfable de
toutes les opinions communément reçûës de fon tems, comme
fi elles lui étoient particulieres,
& dont il ne fait ufage que
pour nous communiquer fes
idées & détromper les Cartéfiens
par leurs propres principes, de
certaines erreurs capitales dans
lefquelles il les voyoit engagés.
L'Auteur fait plus, il attaque
une de ces opinions anciennes.

dont le P. M. s'étoit servi dans ses premieres éditions, & que de l'aveu même de notre Auteur il avoit absolument abandonnée dans les dernieres éditions.

A l'égard du fond de son Ouvrage je n'entreprendrai pas ici d'en parler dans le détail, parce qu'il n'est utile pour le Public que de détruire les préjugés naturels, & les fausses opinions qui se sont accreditées. Il faut néanmoins distinguer, parmi les Propositions que l'Auteur a données, celles qu'il a empruntées de M. Newton, dont tout le monde convient maintenant, & de plusieurs autres Philosophes de réputation, de celles qui lui sont particulieres, & dont le nombre est fort petit. Je n'en releverai qu'une seule, *pag.* 151. par laquelle l'Auteur affecte de s'éloigner des principes de M. de Mairan. *Mem. de l'Ac.* 1723. *art.* 60. & 61.

La refraction de la lumiere, dit il, *vient de ce que fes rayons* xy (fig. 40) *font réfléchis par un des côtés* yp *du pore, dans lequel ils entrent, vers le côté oppofé* yz.

Le malheur pour cette Propo-fition eft, 1°. Que quelque obli-quité que l'on donne au rayon d'incidence xy, par rapport à la fuperficie refringente *mo*, le rayon refringent eft toujours, felon l'experience, compris dans le plan de l'angle *oyp* que fait la perpendiculaire *np*, menée au point d'incidence y fur la fur-face *mo*, oppofé au fommet de l'angle *nym* dans le plan duquel fe trouve le rayon d'incidence xy, ce que l'Auteur! démontre p. 135.& n'eft jamais pofé en aucun cas,dans le plan de l'angle collate-ral *myp*,où la Propofition le place.

2°. Selon cette Propofition, plus l'angle d'incidence *xym* fera petit, plus l'angle *myz* fera auffi

petit, au lieu que par l'expérience, plus l'angle d'incidence *xym*
eſt petit, plus l'angle *myo* eſt
grand ; de telle façon que lorſque l'angle *xym* eſt preſque infiniment petit, & que le rayon d'incidence *xy*, qui paſſe de l'air dans
l'eau, raze ſa ſuperficie *mo*, l'angle *myz* eſt preſque égal à deux
droits & devient *myr*.

3°. L'Auteur convient du
principe d'experience de M.
Newton, ſur lequel eſt fondée
la fabrique de ſes Teleſcopes, qui
réuſſiſſent ſi bien en Angleterre :
*que la réfléxion ne décompoſe pas
les rayons de lumiere.* Comment
ſe peut-il donc faire que la *refraction* qui les décompoſe ſi intimement, ne ſoit néanmoins comme
l'Auteur le prétend (pag. 151.)
qu'une veritable réfléxion, cela
ſe contredit manifeſtement.

Dans un autre endroit, il veut
que les particules de la lumiere

soient d'un côté autant dures que peuvent l'être des corps à ressort, autant dures que le diamant, qu'elles se touchent toutes immédiatement, & qu'elles ne puissent pas sensiblement se comprimer. Et d'un autre côté il prétend que cette matiere incompressible, est tellement pesante, qu'étant introduite dans les pores des corps que l'on calcine aux rayons du Soleil, dans une livre de plomb, par exemple, dont le volume n'occupe à peine que la huitiéme partie d'un pied cube, cette matiere, dont le poids n'est pas sensible dans un pied cube d'air, quoiqu'elle y soit en grande abondance, pese sensiblement une livre, étant introduite dans la huitiéme partie d'un pied cube de plomb, sans y avoir souffert aucune condensation sensible.

Ce ne sont pas là les seules contradictions que l'on puisse relever dans les principes de l'Auteur. Mais ce que nous venons de dire ſuffit pour mettre le Lecteur en état de juger, s'il avoit acquis aſſez de connoiſſance pour entreprendre de dreſſer un nouveau Syſtême ſur la lumiere & les couleurs, d'attaquer ſi hautement les Deſcartes, les Huygens, les Malebranches, les Bernoulli, les Mairans, & de fournir enfin les veritables cauſes des effets que M. Newton a décrit & découvert avec tant de ſagacité & de préciſion dans ſon excellent Traité de la Lumiere.

A V I S.

Comme les experiences que l'on voit executer ſous les yeux frappent beaucoup plus que ne peuvent jamais faire les deſcriptions les plus exactes, j'avertis ici le Lecteur que M. Nolet, qui s'applique depuis plusieurs années à cet exercice important, execute publiquement à Paris les expériences de la Phisique, surtout celles qui sont les plus curieuses & les plus délicates, avec beaucoup de dexterité. C'est pourquoi je ne sçaurois trop exhorter ceux qui veulent faire du progrès dans la Phisique de profiter de ses talens.

F I N,

EXTRAIT DES REGITRES
de l'Académie des Sciences.

Du 17. Juillet 1737.

MEssieurs de Mairan & l'Abbé de Bragelonne, qui avoient été nommés pour examiner le troisiéme Tome des Leçons Physiques de M. l'Abbé de Molieres, en ayant fait leur rapport; la Compagnie a jugé qu'il n'y avoit rien qui en dût empêcher l'impression, en foi de quoi j'ai signé le présent Certificat. A Paris ce 20. Juillet 1737.

Signé, F O N T E N E L L E.
Secretaire Perpétuel de l'Académie Royale des Sciences.

TABLE

DES TITRES ET PROPOSITIONS
Contenuës dans ce Volume.

LEÇON DIXIEME.

*Où l'on décrit les Opérations de la Chimie, &
les effets qu'elles produifent.*

PROPOSITION I.

L Es opérations de la Chimie nous fournissent
les moyens les plus convenables pour déterminer les principes de la nature dans la plus
grande précision. Il est donc nécessaire d'entrer dans un petit détail des opérations de
cet Art.   Pag. 1

rellement avec des molécules d'huile, &
forment avec la terre des coagulés, qu'on
nomme *Bitumes.* 58

PROP. VI. Le Fer n'est pas la seule matiere métallique propre à composer un Sel. On compose avec chacun des autres métaux des especes de Sels, qu'on nomme *Vitrioliques.* 73

LEÇON XI.

Où l'on explique mécaniquement les principaux
Phénomenes de la Chimie.

PROP. I. Les idées que les Chimistes nous donnent de leurs principes, ne sont pas si dé-
monstratives qu'ils le prétendent. Et on ne
peut se passer dans cet Art de principes élevés au-dessus de nos sens. 113

PROP. II. Les idées que les Chimistes Cartesiens nous donnent des Acides & des Alkalis, ne répondent en aucune sorte aux effets qu'ils prétendent expliquer par leur
moyen. 128

PROP. III. Les Acides ne sont autre chose que
de petits tourbillons du premier élément
contenus dans les pores de l'eau, & ne different de ceux de l'huile qu'en ce que les globules qui circulent dans leur capacité, sont
beaucoup plus dures, plus denses, plus pesantes que ne sont ceux qui circulent dans
les petits tourbillons de l'huile. Et le Sel Alkali n'est autre chose qu'un amas de ces
globules durs & pesans, que la violence du
feu a détaché des matieres qui les contiennent. 140

PROP. IV. La grande quantité d'eau dont les
Sels Alkalis se chargent, étant exposés à

LEÇON XII.

Suite du même sujet, où l'on explique les effets produits par la distilation & par la fermentation.

L e ç o n XIII.

Des Météores.

Leçon XIV.

Fin de la Table.